江苏省教育科学"十三五"规划2018年度课题项目"职业院校乡土人才培养体系建设推进江苏乡村振兴战略研究"（项目编号：B-a/2018/03/14）、2020年江苏高校"青蓝工程"优秀教学团队项目

职业院校乡土人才培养体系建设推进江苏乡村振兴战略研究

葛鑫伟　杨大蓉　等著

苏州大学出版社

图书在版编目(CIP)数据

职业院校乡土人才培养体系建设推进江苏乡村振兴战略研究/葛鑫伟等著.—苏州：苏州大学出版社，2021.4
　ISBN 978-7-5672-3429-1

　Ⅰ.①职… Ⅱ.①葛… Ⅲ.①高等职业教育-农业技术-人才培养-研究-江苏②农村-社会主义建设-研究-江苏 Ⅳ.①S-40②F327.53

中国版本图书馆CIP数据核字(2020)第264070号

书　　　名：	职业院校乡土人才培养体系建设推进江苏乡村振兴战略研究
著　　　者：	葛鑫伟　杨大蓉　等
责任编辑：	周建国
装帧设计：	刘　俊
出版发行：	苏州大学出版社(Soochow University Press)
社　　　址：	苏州市十梓街1号　邮编：215006
印　　　装：	宜兴市盛世文化印刷有限公司
网　　　址：	www.sudapress.com
邮　　　箱：	sdcbs@suda.edu.cn
邮购热线：	0512-67480030
销售热线：	0512-67481020
开　　　本：	700 mm×1 000 mm　1/16　印张：9.75　字数：105千
版　　　次：	2021年1月第1版
印　　　次：	2021年4月第1次印刷
书　　　号：	ISBN 978-7-5672-3429-1
定　　　价：	38.00元

凡购本社图书发现印装错误，请与本社联系调换。服务热线：0512-67481020

前 言

  本书是江苏省教育科学"十三五"规划2018年度课题项目"职业院校乡土人才培养体系建设推进江苏乡村振兴战略研究"（项目编号：B-a/2018/03/14）的研究成果。

  党的十九大提出了"乡村振兴战略"，对现代农业产业体系建设和农业科技进步、产业融合提出了新的要求。乡村要实现振兴，不仅要进行乡村经济建设，也要促进乡村政治建设、文化建设、社会建设和生态文明建设。改变农产品低端供给充足与高品质农产品供给不足的矛盾，推进农业产业生态化、标准化、品牌化，转变观念，提升乡村生活质量，成为乡村振兴的核心和重点。

  目前我国乡村依然存在众多发展不平衡和不充分的问题，尤为突出的有乡村政治生态差、乡村优秀传统文化衰落、乡村空巢化、乡村环境污染严重、乡村资源闲置等。在亟待均衡发展的阶段，大力培育乡土人才成为不容忽视的主要问题。

  2018年，国务院《关于实施乡村振兴战略的意见》指出，要造就更多乡土人才。乡土人才在实施乡村振兴战略总要求下，担当起新的使命和任务，对其培养也有了新的要求，已经成为推进乡村振兴的先行者。乡土人才是在农业和农村经济发展、生态文明建设第一线的特色人才，主要包括农业技术人才，运输、营销、中介服务行业的农村经纪能人，能工巧匠和农业生产经营带头人，等等。

江苏省职业院校教育培训资源丰富，以产业对接、服务社会为主要功能。如何充分发挥好职业院校在乡土人才培育中的积极作用，根据乡村振兴需求，进行有针对性和目的性的乡土人才培育体系重构，整合资源，与社会培育资源协调，培育优秀的乡土人才，成为乡村战略实施的基本任务。

本书研究的目标是，通过对乡村振兴视野下乡土人才的种类、任务和作用进行深入而全面的重新审视，以江苏为例，对乡村振兴视野下农业供给侧改革存在的突出问题进行分析，寻找农业发展中的短板，对职业院校在乡土人才培育中应该具备的角色和定位进行分析，探讨如何重构乡土人才培育体系，如何理清思路、转变观念和采取有的放矢、行之有效的方法孵化乡土人才，为发展具备区域特色的现代化农业做出贡献。

本书探讨乡村振兴对农业生产质量、种类、品牌和经营管理方式提出的新要求。要实现乡村振兴，首先应该改变农业生产经营主体分散带来的高风险和无序态势。以江苏省为例，对乡土人才从业的种类、构成及生产经营现状进行充分调研，探讨新兴乡土人才与乡村振兴的关系，针对新兴乡土人才的特点、其身上存在的问题，以及其农业生产经营的意愿、热情和需求，结合农业供给侧改革视野下江苏地区农业产业的新形势、新问题，对乡土人才所处的环境、压力、机遇和前景进行充分的调研与分析。

同时，本书对江苏乡土人才原有培训体系存在的突出问题和瓶颈进行梳理。对江苏地区原有的乡土人才培训模式、体系、内容和方法等，分别进行调研、比较、归纳和梳理，与农业供给侧改革的具体阶段、发展特点和人才需求进行比对，探寻原有职业院校乡土人才培育体系的主要成效和存在的主要问题，针对乡土人才从业和创业的岗位匹配度情况，分别对乡村振兴下乡土人才的新领域、新角色、新技能需求、层次和作用进行分析，解决原有培训体系存在的突出问题和瓶颈。

本书探究了职业院校如何与社会培训资源有效整合，重构乡土人才培育体系。课题组针对江苏地区存在的低品质农产品过剩、农业生态欠缺等问题，针对职业院校校企合作、社会服务的优势与经验，对于职业院校的新兴乡土人才培育服务定位和态度、教育方法和立足点分别进行全新的诠释，提出符合农业供给侧改革、适应江苏地区农业发展特性及农业现代化发展模式的新的培养观点和体系。

项目组研讨了职业院校乡土人才培育的具体内容、体系和实践方法。对乡土人才的培育应该结合创业观点、市场信息获取方法、市场应变能力及经营管理学、市场营销学等方面的实践培训，与以往的普通技能培训进行了比较，探讨了就如何摆脱职业院校单一的技能教育模式，以及如何对这种单一模式进行全新的颠覆和改革。课题组有目的性地对乡村振兴视野下的乡土人才培育进行选择试点，重构乡土人才孵化体系，并进行实证分析和效果反馈。

本书由项目组成员葛鑫伟、杨大蓉、苏雷、尹蕾、华晓龙和陈家闻等人共同完成。我们在写作过程中，借鉴和吸收了国内外众多学者的研究观点与成果，在此表示感谢。由于作者自身学识与能力有限，书中难免存在疏漏和欠缺，恳请读者指正。

目 录

- **第一章　江苏乡村振兴战略的新角度和新要求**　/ 1
  - 第一节　乡村振兴的概念和意义　/ 2
  - 第二节　乡村振兴的内容　/ 7
  - 第三节　江苏乡村振兴对农产品质量、种类的要求　/ 18
  - 第四节　江苏乡村振兴对农产品品牌提出的新要求　/ 30
- **第二章　江苏乡土人才的种类和作用**　/ 37
  - 第一节　乡土人才的概念　/ 37
  - 第二节　乡土人才的分类和特征　/ 43
  - 第三节　乡土人才的意义和作用　/ 47
  - 第四节　我国乡土人才发展中存在的问题及对策　/ 52
- **第三章　江苏职业院校乡土人才培育现状**　/ 57
  - 第一节　江苏职业院校培育乡土人才情况分析　/ 57
  - 第二节　江苏职业院校培育乡土人才现状分析　/ 62

第四章　江苏职业院校乡土人才培育主要瓶颈分析　/ 69

第一节　职业院校相关瓶颈分析　/ 69

第二节　培育目标相关瓶颈分析　/ 72

第五章　江苏职业院校重构乡土人才培育体系思路　/ 76

第一节　职业院校培育乡土人才资质评估　/ 76

第二节　江苏省乡土人才培育特色　/ 79

第三节　乡土人才文化素养与职业教育耦合度　/ 85

第四节　江苏职业院校重构乡土人才培育体系新思维　/ 90

第六章　江苏职业院校重构乡土人才培育体系对策建议　/ 97

第一节　江苏职业院校乡土人才培育创新发展策略　/ 98

第二节　江苏职业院校乡土人才培育体制机制优化策略　/ 103

第三节　江苏职业院校乡土人才培育嵌入式策略　/ 107

第四节　江苏职业院校乡土人才培育模式拓展策略　/ 124

第五节　江苏职业院校乡土人才培育互联网手段提升策略　/ 131

第六节　江苏职业院校乡土人才培育特殊群体孵化策略　/ 135

参考文献　/ 143

第一章　江苏乡村振兴战略的新角度和新要求

  中国共产党在十九大会议上,以写入党章的高度,首次提出了乡村振兴战略。乡村振兴战略的确立,使"三农"问题上升到了前所未有的政治高度,足以体现中国共产党解决农业、农村、农民问题的决心。实施乡村振兴战略不仅涉及我国的国计民生,也是解决人民日益增长的美好生活需要和不平衡不充分的发展之间的矛盾的必然要求,更是实现"两个一百年"奋斗目标的必然要求,是实现全体人民共同富裕的必然要求。

  江苏位于长江三角洲地区,是鱼米之乡,也是经济大省。站在历史的转折点,江苏肩负着探索创新,率先实现农业农村现代化,为全国做出典型示范的光荣使命。在新一轮的供给侧改革中,乡村振兴必须有新的作为。我们一方面要紧抓江苏高质量发展,另一方面要加快促进农业全面升级、农村全面进步、农民全面发展。

第一节　乡村振兴的概念和意义

一、乡村振兴的概念

每年年初国务院都会颁布一号文件。乡村振兴战略的确立经历了一系列的文件制定与颁布，从 2018 年 1 月 2 日国务院公布《中共中央 国务院关于实施乡村振兴战略的意见》开始，同年 3 月 5 日，李克强总理在《政府工作报告》中多次提及要大力实施乡村振兴战略，科学制定规划，健全城乡融合发展体制机制，依靠改革创新壮大乡村发展新动能。5 月 31 日，中共中央政治局召开会议，审议了《乡村振兴战略规划（2018—2022 年）》。9 月下旬，中共中央、国务院印发了《乡村振兴战略规划（2018—2022 年）》，并要求各地区各部门结合实际认真贯彻落实。

《乡村振兴战略规划（2018—2022 年）》以习近平总书记关于"三农"工作的重要论述为指导，提出乡村振兴，产业兴旺是重点，生态宜居是关键，乡风文明是保障，治理有效是基础，生活富裕是根本，摆脱贫困是前提。实施乡村振兴战略的目标任务是，到 2020 年，乡村振兴取得重要进展，制度框架和政策体系基本形成，各地区各部门乡村振兴思路举措得以确立，全面建成小康社会的目标如期实现；到 2035 年，乡村振兴取得决定性进展，农业农村现代化基本实现；到 2050 年，乡村全面振兴，乡村实现农业强、农村美、农民富的全面振兴。

当前，我国还处于城乡发展不平衡阶段，不少地区农村还处于落后状态。乡村振兴战略正是致力于实现党中央的"两个一百年"奋斗目标，向农村农业发展短板提出挑战，并做出战略部署。乡村振兴战略将农业农村优先发展摆到了重要位置，进一步强调要理顺工农关系、城乡关系，确定优先满足要素配置，确保资源得到保障，改善公共服务，促进农村农业经济的进一步发展。并且要大力发展农村电商，加强农村基础设施和信息流通等方面的建设，显著缩小城乡差距。

乡村振兴是农业农村的全面振兴，包括经济、政治、文化、社会振兴，以及教育、技术和生活的振兴，甚至涉及农民素质的提高。推进农业供给改革，就是要农业繁荣，就是要优化和扩大农业产业链与价值链，以提高效率和农业综合竞争。产业兴旺就是要把握城乡发展格局发生重要变化的机遇，培育农业农村新产业新业态，打造农村产业融合发展新载体新模式，推动要素跨界配置和产业有机融合，让农村一、二、三产业在融合发展中同步升级、同步增值、同步受益。生态宜居是指适应生态文明建设的要求，根据当地情况发展绿色农业，促进农村生产、生活和生态的协调发展。乡风文明是弘扬社会主义核心价值观，创造文明新风尚，全面提高农民素质，为农民建设精神家园。治理有效意味着建立自治、法治和德治相结合的农村治理体系，以确保大多数农民在农村社会中安居乐业。生活富裕意味着要努力让农民的收入迅速增长，并使全国广大农民群众进入一个富裕和包容的社会。

实施农村振兴战略需要在农村推行各项改革措施。巩固和完善农村基本经营制度，深化农村土地制度改革，完善承包地"三权"分置制度，保持土地承包关系稳定并长久不变，第二轮土地承包到期后再延长三十年。深化农村集体产权制度改革，保护农民财产权益，壮大集体经济。为了确保国家粮食安全，农民应将自己的饭碗牢牢掌握在自己手中，要完善农业支持和保护体系，同时增加农业支持总量，着重优化支持结构，提高农业支持政策效率；适度发展各种形式的规模经营，培育新型的农业经营实体，完善农业社会服务体系，实现小农户与现代农业的有机结合。促进一、二、三产业的融合，支持和鼓励农民创业，拓宽增收渠道，加快农业转移人口的城市化进程，促进农民工在城镇安家落户。

二、乡村振兴的重大意义

乡村是具有自然、社会和经济特征的地域综合体，兼具生产、生活、生态和文化等多重功能。乡村与城镇的共同进步，共同构成人类活动的主要空间。农村的繁荣造就民族的繁盛，农村的衰落导致民族的衰败。在农村，人民日益增长的美好生活需要和不平衡不充分的发展之间的矛盾更加明显，而我国仍处于并将长期处于社会主义初级阶段的特征很大程度上表现在农村。为了全面建成小康社会和全面建设社会主义现代化强国，最艰巨最繁重的任务便是在农村,最广泛最深厚的基础在农村,最大的潜力和后劲也是在农村。实施乡村振兴战略是解决新时代我国社会主要矛盾、实现"两个一百年"奋斗目标和中华民族伟大复兴中国梦的必然选择,具有非常重大的现实意义和深远的历史意义。

1. 实施乡村振兴战略是建设现代经济体系的坚实基础

中国共产党在十九大报告中指出,中国特色社会主义已进入新时代,我国社会主要矛盾已经转化为人民日益增长的美好生活需要和不平衡不充分的发展之间的矛盾。该矛盾将在一定的领域内长期存在。正如前文所述,我国农村地区仍处于并将长期处于社会主义初级阶段。为了全面建成小康社会和全面建设社会主义现代化强国,最艰巨最繁重的任务在农村,最广泛最深厚的基础也在农村。可以说,没有农民的全面幸福,就没有全国人民的全面幸福。因此,实施乡村振兴战略的重要任务是农业农村繁荣,巩固农业作为国民经济的基础,将农业从以生产为导向转向以质量为导向,加强中国农业创新和竞争力,为建设现代经济体系打下坚实基础。

2. 实施乡村振兴战略是建设美丽中国的关键举措

农业是生态产品的重要提供者,农村是最重要的生态保护区,良好的生态是农村最大的发展优势。生态宜居性是乡村振兴的关键。实施乡村振兴战略,要统筹对景观、森林、湖泊和牧场的管理,加快农村地区绿色发展的实施速度及加强农村地区农民居住环境的改善,构筑生活环境整洁优美、生态系统稳定健康、人与自然和谐共生的农村发展新格局，实现人民富裕与生态美丽的统一。

3. 实施乡村振兴战略是传承中华优秀传统文化的有效途径

中华文明源于农业文化，乡村是中华文明的主要载体。振兴乡村是国家文明的保证。实施乡村振兴战略，解决农业文化中的优秀思想观念的传承与创新发展问题，在时代变迁的基础上，人文精神和道德水准要以创造性的方式进行变革和发展。坚持以社会主义核心价值观为引领，以传承发展中华优秀传统文化为核心，以乡村公共文化服务体系建设为载体，培育文明乡风、良好家风、淳朴民风，推动乡村文化振兴，建设邻里守望、诚信重礼、勤俭节约的文明乡村。这不仅有利于乡村文明形成新气候，也有利于继承和进一步丰富优秀的中国传统文化。

4. 实施乡村振兴战略是健全现代社会治理格局的固本之策

社会治理的基础在基层，薄弱环节是乡村。乡村振兴，有效治理是基础。实施乡村振兴战略，加强农村基础工作，完善乡村治理体系，保证大多数农民安居乐业，保证农村社会稳定有序，这有利于促进农村发展，构建共同建设、共同治理的现代社会治理模式，并促进国家治理和治理能力的现代化。把夯实基层基础作为固本之策，建立健全党委领导、政府负责、社会协同、公众参与、法治保障的现代乡村社会治理体制，推动乡村组织振兴，打造充满活力、和谐有序的善治乡村。

5. 实施乡村振兴战略是实现全体人民共同富裕的必然选择

农业的强大、农村的美丽和农民的富裕与亿万农民的获得感、幸福感和安全感及全面建设小康社会有密切关系，也是乡村复兴和繁荣的根本。实施乡村振兴战略，不断扩大农民增收渠道，全面改善农村生产生活条件，坚持人人尽责，人人享有，围绕农民群众最关心、最直接、最现实的利益问题，加快补齐农民生活短板，提高农村美好生活保障水平，让农民群众有更多实实在在的获得感、幸福感、安全感。促进社会公平正义，帮助农民增福，使亿万农民走上发展之路，并聚集在一起建设共同繁荣的社会主义现代强国。

第二节　乡村振兴的内容

习近平总书记在中国共产党第十九次全国代表大会的报告中指出："我们要建设的现代化是人与自然和谐共生的现代化，既要创造更多物质财富和精神财富以满足人民日益增长的美好生活需要，也要提供更多优质生态产品以满足人民日益增长的优美生态环境的增长需要。"农村的更新不仅与农村经济的发展有关，而且与农村政治、文化、社会、生态文明和党的建设等各方面有关。

2018年9月26日，中共中央、国务院发布了《乡村振兴战略规划（2018—2022年）》。除前言外，《乡村振兴战略规划（2018—

2022年)》有11篇37章107节，并创建了22个指标，是实施乡村振兴战略的第一个五年计划。明确了未来五年乡村振兴战略最重要的任务，并与产业兴旺、生态宜居、乡风文明、治理有效和生活富裕的总体要求相一致，重点是乡村产业、人才、文化、生态和组织振兴的实施。明确乡村振兴的优势与劣势，以加快建设农业现代化的步伐，发展和加强乡村产业，建设美丽富饶和生态上充满活力的乡村，繁荣发展乡村文化，改善现代乡村管理体制，确保改善农村条件，实施乡村振兴战略。

一、绿色发展促进乡村生态振兴

农业是绿色产业。乡村振兴战略的实施应着眼于实现生态可持续性，以生态环境友好和资源永续利用为发展导向，积极开发农业绿色发展新模式，夯实美丽乡村建设基础。加快有机循环农业建设，加强对农业环境中突出问题的治理，突出农业生态功能，促进资源的有效利用，保持优良生态系统的稳定。良好的生态环境，为建设美丽乡村打下坚实基础。优化农业绿色发展环境，优化农业生态空间设计，提高产业发展与资源环境的匹配度。通过控制扩散源来控制农业污染，促进对农业废弃物的科学处理与有效利用。积极推动创建国家可持续发展示范区，使其成为绿色农业发展试验区。创建绿色"苏"牌，大力促进清洁农业生产，为城乡居民提供各种可靠、优质的绿色食品，努力使绿色发展成为江苏农业的特色。建立新的农业生态循环利用制度，积极探索多种形式相结合的种植与有机耕作，采取以残次的水果、蔬菜等厨余垃圾制成的有机肥替代化肥的措施，减少农产品对生物环境的影响，并为生态增加附加值。

乡村生态振兴最重要的是促进农业的绿色发展。加强乡村地区的人居环境改善，更加重视乡村地区生态保护，把良好的生态环境建设作为乡村复兴的必要条件。这不仅彰显了生态振兴在乡村振兴中所处的举足轻重的地位，也进一步指明了乡村振兴努力的方向。农业对环境的友好发展是促进农业供给侧改革和改善消费的关键。这也是实现生态美和乡村美的重要保证，对整个农业发展具有重要意义。为此，要有一个全面的"绿色"目标、"绿色"生产和组织模式，以生产真正绿色、高质量的农产品；要用市场价格机制保证高质量绿色农产品的生产；确保增加产量和提高质量而不会增加投资；充分调动农民和企业，特别是新型农业经营主体参与绿色发展的热情，提高绿色发展的效率；有必要完善相关法律制度与监管体系，以确保农业稳定和生态环境友好发展。

持续改善农村人居环境是全面促进乡村振兴战略和实现乡村宜居的重要基础。当前农村生态治理的概念还多数处于起步阶段，技术力量薄弱，资金缺乏，困难重重。在城乡发展不平衡、环境保护投入不足的背景下，必须逐步认识城市化与农村生态环境共同发展的道路。改善农村环境需要经济政策的支持，但现阶段一些地区资本投资严重不足，导致人居环境整治工作推进缓慢，严重制约了乡村振兴战略的实施。我们还应继续促进环境技术的创新和研究、总体计划执行、促进分类、逐步实施、人文关怀、改革发展这六个方向的创新。

乡村振兴建设必须加强生态环境保护与修复先行。习近平总书记说，保护生态环境与保护生产力是相一致的，改善生态环境有助于发展生产力。在乡村振兴战略的生态振兴环节的贯彻实施过程中，应注重对乡村周边的自然资源开展定期的生态保育工作，构建山川湖泊生活综合体，以维持乡村的原始生态系统。此外，在建设美丽乡村的过程中，必须始终捍卫绿色发展理念，坚持走乡村绿色发展道路，继续促进传统农业产业发展方式的转变与优化，最大限度地利用农业资源，走资源节约型和环境友好型农业发展道路，实现农业农村经济可持续发展。

二、农业强国依靠产业振兴

促进乡村产业繁荣兴旺是实施乡村振兴战略的主要任务。首先，乡村振兴战略，必须着眼于实现产业兴旺，以整个农业产业供应链的质量改善为主要实施方向，积极培育新的业态模式，提高乡村振兴的质量。只有通过发展农业产业并将其立足乡村，我们才能使人才留在乡村，避免乡村出现空心化现象。提升农业发展的质量、效率和竞争力。要根据"1+3"功能区和主要功能区的战略发展要求来优化现代农业产业设计，着眼于农产品生产的主要领域，优化功能和定位。促进农业在不同功能区域的发展，促进特色农业的协调发展。加强特色优势产业的集聚，促进高新技术产业的发展，拓宽特色产业的范围，突出核心业务，引导每个县（市、区）

选出最具优势的地方产业和产品。促进农产品的专业化、规模化和绿色化。加快特色高效农业结构的建设。以科学技术为依托,促进新兴产业文化的发展,大力发展"互联网+现代农业"、创意休闲农业、外向型农业等新兴产业。推进农产品"一村一品一店"的电子商务模式,实施江苏特色休闲农业"12311"品牌文化规划,探索"走出去"的全产业链模式,培育新的乡村经济增长点。促进农村一、二、三产业的一体化发展,在农业领域实施现代企业管理,探索产业一体化发展的创新模式。设立现代农业"工业园区""科技园区""商业园区"的规划建设,使其真正成为促进深度融合经营的重要载体。

其次,必须通过乡村综合改革来振兴乡村土地和资本等生产要素。在适度开展农业经营、提高农业经营效率的基础上,继续巩固江苏农业用地确权的工作成果,积极推行土地"三权分置"改革。大力改善农村基础性设施的建设,进一步加强高标准农业用地和农业设施建设。要振兴集体资产,增强集体经济活力,加快农村集体产权的改革。推广先进地区农村产权改革和集体建设用地的试点经验,增加更多地区农村居民的土地收入,提高土地利用率。

最后,在"绿色、共享、创新、协调和开放"的发展理念指导下,调整财政补贴的重点应当包括增加农产品的附加值,要积极优化农业产业结构,注重农产品品质提升,积极培育新的业态,挖掘新的动能。引导农民树立品牌意识,不断推进农产品标准化建设,促进一、二、三产业的融合和深入发展。

三、人才振兴促进产业兴旺

农业要得到大力发展离不开人才支持,人才振兴对乡村振兴而言至关重要。乡村振兴为立志于从事中国农业生产的人才提供了广阔的发展空间。当前,迫切需要建立一支具备掌握农业知识的素质高、能力强的年轻化人才队伍。中国农业要腾飞、乡村要发展的真正起点是制定一系列振兴人才的政策和措施,重视对家庭农场和农民合作社等新型商业实体的扶植培育,加强农业生产性服务业建设,对小农户要提供及时有效的帮助,鼓励发展多种经营。

江苏是中国率先开展新型职业农民免费培训的省份。各地鼓励农民进入高等学府免费深造,鼓励农民进入农业职业技术学校学习最新的农业技术,希望农民成长为具有文化知识,掌握先进技术和良好经营管理理念的新型职业农民,以解决目前农村农业发展过程中人才欠缺的问题。保障乡村人才振兴是江苏乃至整个中国发展现代农业的重要措施,这是农业和农村高质量发展的重要保证。

我们必须以加强新兴职业农民队伍建设为重要抓手,要在江苏全省乃至全国范围内的农业和农村地区构建一支满足实施乡村振兴、适应农村现代化发展战略要求的人才队伍。首先,作为乡土人才,我们要熟悉这片生我养我的土地,要了解周边的生态环境,结合当地实际,学习相应的农产品培育种植技术,学习适合当今潮流的经营管理方式并能最大效能用于服务当地农业生产的发展壮大。只有这样,才能形成良性的乡土人才生态链。越来越多的年轻人愿意留在农村,愿意在农村的广阔天地做出一番值得骄傲的事业。其次,我们有必要借外力引入高端人才。乡村振兴、吸引人才的舞台是向全世界开放的,我们要制定各类吸引人才的优惠政策,引导各行各业的精英聚集到农村这个大舞台,展现他们的才华。鼓励更多的企业家将自己的产业延伸到农业科技改造中来,助力早日实现农业现代化。各级党委和政府也要加强人才观的树立,给予安心留在农村的年轻人以更多的尊重与机会,要不断壮大农村农业人才队伍,更要想方设法优化人才队伍的结构和质量。农业农村部要多开展支持"农业研究人才计划"的项目,设立"杰出年轻农业科学家项目",推进"农业咨询特别服务计划"的实施,以促进新时代农村人才发展的"大合唱"。

四、文化振兴厚植乡村文化

习近平总书记在中国共产党的十九大报告中提出,乡村振兴不但要追求乡村经济的发展,而且要追求文化振兴。现如今中国的部分乡村,随着经济的发展,民风有凋敝之势,不良风气盛行,道德出现严重滑坡,对乡村文明伤害极深。这不仅不利于乡村精神文明建设,而且大大影响了乡村的进一步发展,拖了乡村振兴的后腿。实施乡村振兴战略应着眼于实现乡风文明,一方面,要把社会主义核心价值观的培育和实践放在首位,积极塑造良好的乡风美德氛围。古今中外都有农村是蛮荒之地的偏见,因此,提高农民素质、成就乡风文明,必定是重塑他人对农村文明、农业现代化认识的关键。而乡风文明必须是在社会主义核心价值观指导下实现的，是能使绝大多数农民生活和谐、快乐、圆满的文明。另一方面，我们也要大力维护中国农村优秀的传统风俗，并取其精华，弃其糟粕。利用镇村的服务中心、公共图书馆、文化活动站，利用新媒体、农家书屋和培训中心等教育阵地来促进农村形成和谐、友好的风格，让传统的家庭美德深入人心，让社会主义核心价值观被广大农民牢记在心，有效提高农民的整体素质。中国的农耕文化源远流长，农耕文化流传下来关于农业农村的优秀文化成果及精神财富是中华文化之根。我们要通过优秀农耕文化的传承与传播，激发农民从事农业生产的主观能动性，鼓励他们提升生产能力和科技创新能力。在推广生产示范村和乡风示范村的建设过程中，要加强农村特色乡风教育，内容可以涵盖风俗习惯、法律法规、小康建设和环境保护等，使农民积极主动接受教育，提高素质，树立新风尚。保障农民的各项权利，提高他们的专业技能，鼓励有真才实学的农民发挥更大作用，促进农村精神文明建设。

第一，应当认识到乡村优秀文化的发扬光大对乡村振兴战略的实施能起到巨大的推动作用，要根据乡村的民风民俗制定一系列与乡村实际发展相贴合的规章和制度，并且要注意融合和注入其他优秀文化元素，以致力于提高整个乡村文化的内涵特质。乡村文化的建设及维护，与乡村文化创造价值取向的改善、与农村的公共教育和文化工作协调，有着不可分割的关系，我们要完善文化机制的建立，尽量提供优秀的且群众切实需要的文化大餐。第二，应当提高乡村振兴文化的内涵本质。要把生态文化带进乡村振兴，继承优秀的历史文化,弘扬大众文化,注重不同文化之间的相融,强调文化要素,丰富和提高新时期农村文化的内涵和质量。第三,文化要发挥领导时尚、教育人、促进发展、促进和谐的作用,使乡村的美丽风景更加迷人。我们在进行乡村文化建设的过程中,要加强乡村文化的整体规划,探索当地文化资源的整体发展过程,整合文化取向,尤其要发掘和保护当地优秀的文化元素,特别是优秀的文化遗产,如老房子、名木古树及地方非物质文化遗产,使乡村文化颇具生态特色。注重文化场所和设施的总体布局,大力创建文化走廊、文化团队、文化活动和文化产业品牌,搞好"一村一特色、一村一品牌"的规划设计。

为了创建江苏乡村文化,必须以江苏文化振兴和创新农村治理为主题,提高农村精神文明建设水平。第一,我们必须充分发掘江苏文化的各种价值,比如创造出"江南水韵,锦绣江南"的乡村风格。在实施乡村振兴战略时,应特别注意对江苏优秀文化的研究、发掘、保护、继承和发展。关键是要不断开发乡村的多种功能,彰显江苏文化的多元价值。第二,要加强和创新农村社会治理,充分利用江苏集体经济的力量,加强人民民主和法治建设,使农村更加和谐、稳定与有序。根据当地的特点,必须充分发挥农村能人的榜样力量,牢固树立以人民为核心的基本社会治理理念和模式。第三,改善农村精神文明建设,激发农村内生发展动力。在新中国的每个时期,江苏都有反映时代精神的典型事迹和乡村,随着我国改革大潮进入一个新时代,江苏将再次涌现出一批勇立潮头的乡村,作为领路人和示范者,引导江苏乃至中国的乡村振兴。

五、组织振兴支撑有效治理

组织振兴是乡村振兴的根本保证。组织振兴的缺位，将直接影响到生态振兴、文化振兴、人才振兴，更不可能有产业振兴或整个乡村大发展。在过去城市乡村差别化发展的背景下，农村基层事务被广泛忽视，出现了遇事无人负责、缺少经费办事、没有能干事的人这类情况，农村越来越空心化、边缘化，对年轻人失去了吸引力，集体经济出现持续走下坡路的现象。

第一，实施乡村振兴战略，必须着眼于实现有效治理，着眼于农村党群组织的有效建设，实现乡村党组织特别是基层党组织的振兴，必须着重巩固党组织在乡村基层的领导地位。党组织在把握乡村振兴方向方面充当着舵手的角色，把党的组织系统和工作宗旨贯彻到乡村发展的各个环节，对乡村各领域的社会基层组织起到指引作用，实现党组织对乡村工作的全方位覆盖。另外，对于基层党组织的正常运作和开展活动要配有适当的经费支持与工作补贴，让年轻的基层党组织干部安心做好党的建设工作，没有后顾之忧。要不断加强体制机制建设，形成具有三方共治的治理体系。要实现有效治理，必须有效发挥乡村基层组织的战斗堡垒作用，积极更新体制和机制，通过为农民提供平等的公共服务、保护农民利益，形成人民自治、法治、德治相结合的乡村治理体系。抓好农村基层党组织建设，对乡村党组织等基层组织工作人员实施深入培训，将农村党组织等转变为强大的战斗力，在农村党支部的领导下，组织村民独立制定地方法规和村级协议,形成自治、法治和德治相结合的乡村治理体系,在地方一级促进农村治理机制的创新,并动员农民主动参与农村问题的决策和管理。改进农村分包经营中矛盾纠纷调解和仲裁程序,着力农村集体"三资"管理的具体治理,探索市场经济条件下农村集体经济的新形式和运行机制。理顺各种经济组织与村民"两委"的关系,明确界定乡村各种新型经营主体、农村经济组织和"两委"的职能,发挥各自的作用,形成新的"整合与分工"机制,并能有效执行。

第二,实施乡村振兴战略离不开乡村社会化服务组织的多元发展。要在以深化农村改革、消除农村体制机制障碍并实现"生活富裕"为目标的基础上,实施乡村振兴战略,让农民生活得到大幅度提升。要让小农户积极投入现代农业的发展建设中去,让市场活起来,使要素分配市场化,激发经营主体的主观能动性,赋予农民更多的经营主体权,让农民切切实实得到农业农村发展的实惠,从而更积极地投入乡村振兴战略中来。另外,也要重视返乡人员的创新创业工作,鼓励他们对新型经营主体的不同模式展开探索与实践,积极投身乡村生产性服务业发展,壮大乡村社会化服务组织。逐步完善乡村"三权分置"制度,完成农村土地承包的确权工作,让农民从土地中得到收益,探索土地承包到期后的延长办法,让农民放心其所承包土地的权益不受损。深化农村集体经济的产权制度改革,把握集体经济成员的身份,让农民的财产得到不断增长。加快推进乡村资源型资产的产权确认,可以把经营性质的资产股权化,对农村集体经济可以尝试股权化合作运营,保护农民集体资产,财政收入能够得到源源不断的增长。

第三，需要注意的是，要注重乡村党组织的年轻化建设。中央一号文件一再强调，要保证农村基层党组织的战斗力，年轻人不可缺位。当前农村空心化、老龄化现象相当普遍，不少年轻人因觉得在农村没有发展前途而离开农村到城市寻找机会。要解决这类问题，就必须靠农村农业的发展，留出更多的岗位，提供给农村的年轻人。让他们在发展事业的同时，为党的事业贡献青春。这样便可以解决农村基层党组织普遍出现的老龄化、缺少文化元素、发展对象少的问题。壮大农村党员，特别是年轻党员的队伍，有计划地做好党员的后续发展工作，将农村的各类优秀能人、年轻人、有入党志愿的妇女同志吸纳到党的组织中来。

第三节 江苏乡村振兴对农产品质量、种类的要求

通过提升农产品质量、优化农产品种类结构，促进农业发展，这是实施乡村振兴战略的重要组成部分，也是实现江苏现代农业卓越发展的重要着力点。要想江苏的农业产业获得繁荣发展，就要确保农业产品的质量，这不仅是人民群众的根本利益所在，更是农村经济发展社会稳定的基础，同时，也会影响到我们的大国形象。可见，对农产品质量实施安全管控，在产量增加的情况下，不能忽视农产品整体质量的提升，因为这既是江苏人民实现小康生活的有效

保证，也是江苏乡村农产品国际竞争力获得提升的有力保障。

一、树立农产品质量安全目标

中国共产党的十九大提出了乡村振兴战略，其中特别强调了农产品安全战略，制定了质量兴农的战略规划。江苏农业生产也面临转型升级，农业生产由增产量转向提质量，这对江苏农业生产质量安全水平提出了更高的要求。发达国家普遍都很重视农业生产安全和农产品质量问题，因为这会直接关系着老百姓的健康安全，也影响到农产品的声誉，同时还会对产品市场竞争力产生深远的影响。所以我们首先要制定一个与国际标准接轨的农产品安全质量保障体系，树立好农产品质量安全目标。这样可以帮助江苏厘清乡村振兴战略实施过程中关于农产品质量的发展思路，从领导层面重视提高农产品质量，有计划、有目标、分阶段地推进江苏农产品质量安全工作。另外，还要善于抓住江苏农业生产质量安全的短板，找准农产品质量相关工作的重点和突破口，有的放矢地加大工作力度，走可持续的农业生产发展道路。确保21世纪江苏农产品的国际竞争力大幅度提升，大幅提高无公害绿色农产品市场占有率，使江苏特优农产品品牌享誉海外。

二、加快建立五大体系

1. 尽快建立江苏农产品质量安全技术标准体系

规范的质量安全技术体系是确保农产品安全生产的基础。为了进一步加快农业生产质量安全技术标准的制定和执行,江苏全省各地必须认真执行国家及江苏省颁布的有关质量标准,狠抓农业产品质量安全技术标准、生产等级标准、产品质量标准,以及加工、储藏、运输、包装质量标准的制定,尽快审查现行各类农产品质量标准,形成涵盖生产前期、中期和后期的全过程质量安全生产技术标准,且能较好地与国际和国家标准接轨,并具有江苏特色的农产品质量安全生产技术标准体系。

2. 加快建立江苏农产品质量安全检验检测体系

要提高农产品生产质量,江苏全省各地必须建立完善的农产品质量安全检验测试体系。通过该体系,农产品的质量安全可以落到实处。建议江苏所属各市县要加快农产品质量提高和质量改进,并在市县一级建立农产品质量安全检验测试系统,以及实现农产品生产加工、流通领域的自我检验测试系统基地化,形成完善的检验测试网络,以有效监控整个农产品生产过程并发现问题。我们应该在生产基地、加工企业和上市交易三个环节加强监测,建立定期与不定期抽检的监测制度,以加强对江苏农产品质量安全的监测。吸收社会资本成立农产品质量安全检测中心,并督促检测中心通过省级质监局的认证。加强对农产品质量安全监管人员的业务培训并对其重点进行农产品质量安全检测知识技能的培训。农产品质量安全监测还需要增加其精细化管理和灵活性,农产品质量安全移动监测站的推广就是个恰当的好方法。农产品质量安全移动监测站要配备先进的监测器材和仪器设备,这样可以方便将其推广到野外,从而实现对重点农产品进行快速的质量安全检验测试,确保在上市前万无一失。

3. 加快建立江苏农产品市场销售体系

市场是检验优良产品的最佳地点。农产品是否为优良品,最终还是要接受市场的检验。要搞好农产品的销售工作,江苏全省就要在农业领域借鉴工业企业的销售模式,创造有利于农产品销售的外部环境。利用互联网、直播带货等手段,尽快将江苏的农产品市场和全国的农产品市场融合在一起。让小农户汇聚在一起,形成利益共同体,实现农产品销售组织化。主动参与周边省市的农产品洽谈会、博览会和交易会,寻找农产品销售商机,促成农产品销售订单签署。要培养一批具备丰富农业知识的经济人团队,有迅速寻找客户、完成农产品销售的能力,确保农产品能及时卖出并保证农民的收益。另外,各地还要加强农产品的品牌建设,对区域性农产品品牌要注重塑造品牌形象,逐步加强江苏特色农产品的品牌竞争力。

4. 扶持江苏农产品质量认证体系建设

我国的农产品质量认证起源于20世纪90年代,主要对无公害农产品、绿色食品和有机食品这三类农产品进行认证。这些农产品在生产和流通过程中，必须有完善的质量控制和源头审查体系。江苏省在对农业进行财政扶持方面，要注重对农产品质量认证进行有效扶持，加快实现品牌农产品的转型升级。江苏可以根据实际情况制定相关的农产品质量认证地方性政策法规，对通过农产品质量认证的农业产业化企业实施一定的奖励政策。一方面激发这些农业企业的认证积极性，另一方面也能够加快对自主创新农产品的质量认证，并且强化农产品区域品牌认定的意识，有助于保护江苏农产品在国内外的知名度和竞争力。

5. 完善江苏农产品安全质量监督管理体系

在新常态下，江苏对农产品质量安全监督管理应该秉承抓大放小的原则，应实现从微观经济烦琐的直接管理模式转变为对宏观经济便捷的间接管理模式。要摆脱过去依赖行政手段的工作作风，转变为利用经济杠杆和法律法规来进行监督管理。另外，在全省范围要形成统一的农产品质量安全的执法制度，依法保卫广大农产品消费者的正当权益。

三、加强源头治理，推进农业生产标准化

1. 源头治理是提高农产品质量安全水平的根本

农业生产最重要的外部环境来源是阳光、空气、水、土壤等资

源的品质，因此，如果农产品生产的外部环境受到污染了，那么产出的农产品的质量也自然会受到很大影响。随着江苏工业快速发展和人口急剧增加及农业生产的大量投资，许多主要河流出现了不同程度的污染，造成部分土地生产环境日益恶化，影响土地生产环境的品质。有农业专家说，老百姓吃的瓜果蔬菜从某种意义上来说吃的就是土壤。数据显示，中国土壤的有机物含量平均为1.5%，而日本则是6%。如果通过土地合理负载施加有机肥（如落叶还林等），一年可以给土壤增加0.1%的有机物含量。算一算，我们的土地质量何时才能赶超日本呢？所以构建江苏省四级耕地环境测量体系至关重要。

江苏全省各地要按照农业农村部制定的《农产品产地安全管理办法》的要求，对农业生产环境质量安全水平进行有计划的长期监测与管理。一要支持农业清洁生产技术的广泛使用。鼓励乡镇开展农产品产地环境检测和无公害基地的认定工作，对农产品产地实施环境评估，根据江苏农产品的品种特性和生长条件，提出产地建议，保证各农产品产地环境条件符合农产品质量安全的要求。二要不断加强对农业投入品的监管。建立严格的农业投入品市场准入、索证索票及生产经营许可和登记制度，严厉查处违法生产、销售、使用违禁农药及其他农业投入品的行为，重点解决化肥、农药、兽药、饲料等农业投入品对农业生态环境和农产品的污染问题。加强源头治理，使农产品生产环境得到优化。对农药投入品的监管必须符合农业可持续发展的要求。在农产品生产源头就严禁销售、使用违禁的农药及其他投入品。要提高农药的使用效率，加强对农药的监管力度,减少因为农药过度使用而给农产品质量和生态环境带来的负面影响。三要采用合理化与精准施肥及施药方式的生产技术。根据不同作物种类及土壤肥力状况,实施合理且精准的施肥量及施药量,避免引起农产品质量及土壤质量的恶化,避免导致山川河流和地下水受到污染侵害,减少因大量使用农药导致的生产成本提升。江苏要积极推广合理化施肥及用药,加大培训力度,对农民直接宣讲,并使其意识到合理化施肥及用药的科学性与重要性。另外,应该为农民提供技术支持,为其传授各种农作物养分知识,并且使其掌握科学与合理施肥及用药技术。只有这样,才能实际解决因为超施肥料及农药所引起的农产品与土壤质量恶化的问题。四要推广可持续发展的土地管理策略。要防止水土流失和水源污染。对于林地农业用地的开发利用,应鼓励利用作物残渣或种草覆盖地表,一方面增加土壤有机物含量,另一方面增加土壤的团粒稳定性,可有效减少土壤冲蚀、水土流失及防止水土污染等,以维护农业生态环境质量目标,不能因为过度开发,造成土地的退化,或者因不科学的开发利用而污染了河流及地下水环境的品质。绿水青山的美好生态环境未来是保障江苏农业生产安全、农产品质量安全的基础,是确保老百姓"舌尖上的安全"的前提。

2. 推进标准化建设,营造良好环境

在农产品生产、加工和销售过程中,有时因农产品及其加工品的品质好坏差异大、不良品比例高,或因作业损耗大、工作衔接不够等情形,造成经营上的损失,不但增加成本的支出,也直接影响

到农民收益。通过大力推进农业标准化、规模化生产，我们可以极大地提高农业生产质量。

对于农产品生产标准化，我们可以从四个方面进行分解。

第一，要建立标准化的组织。江苏的大部分农产品的生产、加工和销售主要还是采取家庭农场这种形式，我们要通过农村合作社这种组织形式，把这些家庭农场、小农户组织起来，形成标准化的组织，让农民明确职责和分工，发挥更大的团队力量。这是保证后续实现农产品生产工业化和标准化的大前提。

第二，要建立农产品生产资料的标准化。农业生产要依靠大量的生产资料，包括各种农业用具、农业资料、加工设备等。如果生产资料不能实现统一的规格，那将会给后期的采购、验收、包装、物流作业等造成很大困难，无法实现农产品工业化和标准化作业。我们可以学习日本农产品的标准化生产管理，对农产品的粗细、大小、形状等进行严格的等级分类，这些都需要标准化的农业作业机械工具、器材、设备等生产资料的支持。只有实现严格的农产品质量控制管理和标准化的生产过程，才能奠定江苏农产品的高品质地位。

第三，要建立农产品作业的标准化。倡导江苏的农业生产者实施规模化的生产标准。江苏要保证"舌尖上的安全"，最关键的是要抓好农产品作业的重点环节。一是要制定一批与国际接轨的农产品质量安全标准和技术规则，并装订成册下发给农户、农企，加快农业标准化的制定和推广。二是要对农业生产全过程贯彻标准化要求。特别是在农业产业园与水产养殖场，以及无公害、绿色、有机的区域品牌类的农产品实施标准化生产,让有条件的农产品生产企业起到带头引领作用。特别在农产品的安全生产、病虫害的防治、农药化肥的使用等方面做好产前、产中、产后全过程的技术指导和服务工作,要实施全过程标准化生产和质量控制。三是要发展壮大江苏农产品生产的经营主体。在大力开展农业机械化联合作业的基础上要积极推进土地资源的流转,帮助发展壮大农业龙头企业、合作社、土地承包大户等农业生产经营主体,帮助他们早日实现与先进国家零差距的标准化、规模化农业生产。逐步缩小一家一户作坊式的经营比重,提高组织化程度,加快标准化的推广应用,逐步缩小传统的一家一户式经营的比重,从而解决因为分散经营而带来的标准化、规模化实施困难问题。通常情况下,农产品作业应当包括生产、加工、检验、分类、包装、储藏及运输整个流程。农产品作业的标准化应当与其流程一致,包括要做什么事情(事)、由谁来做(人)、什么时候做(时)、在哪里做(地)、用什么东西来做(物)、要怎么去做(如何)。针对作业程序(事、人、时、地、如何)、作业标准(事、时、物、如何)及表单(事、人、时)等,根据与作业相关的因素分别制定。如果不能解释清楚,可能会造成工作重复、资源浪费、作业流程受阻、延误交货等情况,也会造成农产品质量的不稳定,品质好坏差异大。因此,非常有必要将农产品作业流程标准以书面的形式固化下来,并严格贯彻执行。

第四,要建立管理的标准化。农产品管理包括采购管理、库存管理、成本管理、质量管理及客户满意度管理等。因此,要对诸多管理项目分别实施管理标准化,细化各项管理指标,将各项管理结果分别与指标进行对标检查，了解农产品质量安全的真实水平。当出现经营问题的时候，我们可以按既有的管理模式来检查、分析，这样就相对比较容易查找到症结所在，使农产品质量安全问题得以有效管控。如果管理缺乏标准化，则会出现责任不清、相互推脱、资源利用无法实现最大化等情况，可能会导致在农产品质量安全方面花了大力气，却依然存在问题层出不穷的现象。

3. 打造江苏农产品质量安全追溯平台

积极推进江苏农产品质量安全追溯平台的建设，是遵循党和国家对农产品质量安全要求的重要抓手，也是实现农产品质量跟踪追溯的有效方法。江苏迫切需要建设完善的农产品质量安全可追溯体系，充分发挥农产品质量安全可追溯体系的管理优势，进而全面提升江苏的农产品质量安全水平。建立并完善农产品质量安全追溯体系是规范农产品生产和贸易行为的有力抓手，是界定农产品质量安全责任的有效途径。具体而言，一是要建立追溯管理运行制度。各有关部门要明确追溯要求，统一追溯标识，规范追溯流程，健全追溯体系管理规则，完善追溯管理与市场准入的衔接机制，形式合力，构建从产地到市场再到餐桌的全程可追溯体系，促进和规范生产经营主体实施追溯行为。江苏迫切需要建立全面的农产品安全追溯体系，凭借建立完善的追溯体系和平台，可以实现对农产品生产者的监督，提高其责任感，从而提升江苏农产品的整体质量。二是要加强农产品产出地的认证，提高农产品产地的准出标准，必须有具备"三品一标"的质量认证标志及动植物合格的检疫证明。将小农户及其分散经营的农产品也要逐步录入产出地认证体系，并提请相关质量监测机构出具监测报告。三是要加强对农产品市场准入标准建设。要求农产品的批发市场、农贸市场、大型连锁超市等在采购农产品时必须查验农产品的产地证明、检疫证书、认证证书等，实施入市检测登记。

对于农产品质量安全追溯的主要内容，应该覆盖农产品生产、包装加工和运输销售三个环节，通过不同标准来实现对每个环节的追溯要求。必须在农产品的整个供应链中实施质量安全追溯管理。从一颗种子开始，进而是种植土壤的作业方法，包括施肥、除草、灌溉和收割，以及后期的深加工、封装等关键信息都要录入追溯平台，实现售前、售后皆可追溯。并可以借用辅助工具，比如条形码识别技术追踪，实现农产品质量管理每个环节都可以向前追溯，确保对农产品实现有效追溯。要求在农产品的生产、运输、销售过程中承担不同角色的企业，都必须做好信息记录和交换，形成农产品追溯制度的完整链。任何一个生产环节若出了问题都可追溯到上一个环节，切实保证了产品的可追溯性。农产品供应链的上、中、下游企业都要充分交流信息数据，并督促其通过第三方认证提高认识且能积极主动地加入农产品质量安全追溯平台。

此外，江苏还要扩大农产品生产企业入网率，督促各企业主动加入农产品质量安全追溯平台，争取实现农产品质量安全追溯平台全覆盖。监管机构通过农产品质量安全追溯平台，实施网络监控管理，实现对农产品质量安全的抽查工作。农产品出售后，消费者只要用手机扫描二维码标签，即可查询其产地、产品信息，了解所购农产品的"前世今生",从而对合格农产品放心食用。

四、政府部门高度重视,百姓增强农产品质量安全意识

1. 江苏各级政府部门的领导主观上必须具备农产品质量安全意识

江苏全省各级政府部门的领导只有主观上高度重视了,才会认真安排部署、精心组织对农产品质量安全的宣传教育,营造一个良好的学习教育氛围。要充分利用现代媒体(比如互联网、抖音等)多渠道宣传《农产品质量安全法》,在宣传教育方面下大功夫。组织技术人员到基层,对农民开展技术培训,指导他们尽快向标准化、工业化转型升级,指引他们向新的方向发展,特别要加强对农业龙头企业标兵的帮扶,帮助其解决技术难题,增强质量安全意识,树立先进典型,在全社会营造学法、守法的良好氛围。

2. 江苏全省百姓必须增强农产品质量安全意识

江苏全省监管机构要定期对农产品生产者进行专业技术的培训工作,及时更新农产品质量安全监测技术,传授国际上最新的农产品安全质量方面的学习资料与实用技术。有条件的镇村可以定期举办沙龙,生产者可以定期交流自己的心得体会,积极主动学习《农产品质量安全》《农产品质量安全法》等资料,做一个有知识的内行生产者,支持符合农产品质量安全标准的农产品,杜绝一切不符合质量安全标准的农产品。

3. 江苏全省各地应优化农产品结构种类，满足人民需要

在现代经济学中，全面的质量概念不仅包括农产品的质量安全，还包括对种类的要求，高质量的农产品生产必须是对路的、适销的、畅销的和最大限度满足人们全面发展需要的产品。因此，江苏全省各地应根据消费者日益增长的需求，大力自国内外引进一批美誉度高、效益好的新品种农作物，增加良种覆盖率，切实提升江苏农产品的核心竞争力。

第四节 江苏乡村振兴对农产品品牌提出的新要求

许多农业发达国家都非常重视农产品品牌的建设。同样，江苏的农业要发展、要振兴，要加快农业侧供给改革，取得江苏农业的腾飞，只有通过加快农业品牌化建设才能实现。目前，中国农产品品牌建设才刚刚起步。中国农业品牌的特征是数量少、质量弱，一方面，品牌没有梯度，差异化不明显，雷同居多；另一方面，消费者除了对比较有名的地方品牌有所了解之外，对大部分农产品品牌和服务认知较少，消费带有极大的盲目性。江苏全省要想从上到下形成农产品品牌共识，让江苏农产品的品牌形象发扬光大，任重而道远。品牌农业未来将引领江苏农业在乡村振兴中大踏步向前发展，成为江苏现代农业发展的重要标志。

1. 长远规划江苏农业品牌发展路径

江苏农业品牌建设要从战略角度出发，加强顶层设计，整合各个渠道的资源，根据江苏农业品牌的实际情况，从长远角度出发对其进行规划。第一，建立完整的农产品品牌思想体系，从理论高度来指导江苏农产品品牌建设工作，形成相应的制度体系，引导整个品牌工作的顺利开展。要对农产品品牌科学规划，一方面要加强农产品质量标准分类，另一方面要紧抓地区特色，差异化发展，避免同质化。必须把握国家层面对农产品品牌建设的目标和指导方针、扶持政策，挖掘江苏自身的农业产业优势，实现差异化竞争，错位发展，依托区域优势产品，打造区域化农产品品牌。第二，解放观念，增强品牌意识。目前，江苏农村劳动力老龄化现象严重，大部分观念较为落后，知识陈旧，品牌意识淡薄，对品牌农业在乡村振兴中的战略地位认识不够。所以要加强对这些农业生产者灌输品牌理念，鼓励他们加强生产组织建设，创建农产品区域品牌，形成彰显地方特色的主打品牌和层次分明、结构合理的品牌体系。第三，目前，江苏涉及"三品一标"农产品的生产面积和江苏所有农业用地相比，还存在规模小、组织化标准化程度低的薄弱状况。龙头企业的引领作用没有得到完全发挥，与周边农民的合作需要进一步加强。由于受江苏全省地形条件约束，一些大型的联合作业机械不能发挥作用，导致农业机械化效率低下，农业基础设施的建设需要花费较高成本，物流运输经费所占比例也较高。另外，部分农产品出现产销不对路的情况，市场需求把握不好，营销体系不够健全，缺乏擅长新媒体的营销人才等问题较为突出。

2. 强化市场主导，突出江苏地域优势

江苏要营造良好的农产品市场氛围，强化农产品品牌建设，就必须发挥市场的主导作用，正确处理政府引导和市场主体的关系。农产品品牌建设本身就应该是市场经济的产物，而不应该是政府的行为。因此，江苏在全力创建区域农产品品牌的过程中，必须遵循市场经济运作规律，各类农产品生产企业作为品牌建设的主力军，要发挥主观能动性，在政府政策、资金的支持下，加大对农业科技创新、生产标准化、知识产权的投入。充分发挥市场配置资源的作用，整合多方资源，进一步提升农产品的品质，着力打造江苏农产品品牌培育体系，集中力量培育一批江苏农产品知名品牌和区域公共品牌，从而推动江苏农业供给侧改革向深度进发，走出一条江苏特色的质量兴农、品牌强农之路。

3. 质量造就品牌，标准化是助力江苏农产品品牌升级的必经之路

质量是构成农产品品牌价值的重要砝码。很多消费者对著名农产品品牌的认识就包含着对高质量的联想。因此，注重农产品质量建设是塑造优势农产品品牌的重要一环。由于我国从事农业生产的小农户占绝大多数，农业产业链长、环节多，不利于落实质量监控是其特点。农产品的质量安全事件往往极易形成很大的公共卫生事件，因此，如何提高江苏农产品质量安全治理能力，从而保证江苏农产品品牌创建之路顺畅，显得非常迫切。农产品质量安全治理是一个需要多方参与的庞大工程。第一，江苏要提升生产者质量控制的能力，这是确保农产品质量安全的前提。生产者只有规范使用农药，实行国家推行的安全生产标准，并将各种质量安全法规、条例"内化于心，外化于行"，这样才能构建江苏农产品塑造优质品牌的坦途。第二，江苏要加强对消费者农产品质量安全方面的教育，当前我国农业生产已经从生存型供给向健康营养型转变。江苏要培养消费者逐步养成农产品品牌消费观念，这有利于反向促进生产者重视农产品品牌建设。第三，江苏要加强农产品质量安全保障体系建设，形成农产品质量安全监督闭环，重点要投资农产品冷链供应链建设，用科学的全程冷链系统来保障整个农产品的运输质量，减少损耗。第四，江苏要大力发展农产品的深加工，提升江苏农产品的品牌影响力和整体价值。

4. 加大对农业经营主体的扶持力度，促江苏农业转型升级提速

目前江苏现行的农业经营主体仍然处于初级阶段，规模小，积极性不高，社会化程度低。留在农村的农业生产主力军是小农户，对新技术、新品种的接受能力较弱，这不利于农业现代化的实现，也不利于推广农业新型机械的应用。江苏新型农业生产主体在农业转型升级过程中属于中坚力量，对实现江苏农业现代化将发挥出关键作用。因此，我们要积极引导农业龙头企业带动其他农业经营主体，抱团发展，充分利用品牌、资本、产业等优势实现集约式发展，联合起来打造优质农产品品牌，创建区域农产品品牌。要支持科技企业积极投入农业技术创新研究，对农业新产品、新技术、新

工艺要大力扶持和传播。对农村受教育程度低的农业生产从业人员要加大培训力度，建立配套的系列培训课程，让相关农业院校与村镇结对，定点扶持，帮助小农户成长为懂技术、善经营的农产品种植大户和养殖大户。

5. 江苏各区域要加强品牌联动，更要实现品牌差异化发展

江苏南有阳澄湖大闸蟹、洞庭碧螺春……北有洪泽湖小龙虾、高邮咸鸭蛋……在大局面上，农产品品牌差异化发展已经依据地域优势基本形成，但是各区域品牌联动不够，各类农业企业、农村合作社、家庭农场之间缺乏互动，全省基本没有形成强势的农业合作组织，无法形成江苏优势品牌合力。因此，一方面，要加强区域品牌及相关农业经营主体之间的联动，特别是在新技术推广、品牌建设、知识产权保护等方面加强合作，一起向外发力，形成强大势能，做强做大江苏的农产品品牌。另一方面，在区域内部，也要注意形成良性竞争态势，鼓励相同产业的农户之间在技术革新、新品引种、品牌建设方面积极探索，旨在在全省形成内部差异化，孕育优势品牌，促进整体产业竞争力。政府在扶持农业经营主体方面要从宏观上整体把握，创造良好的经营环境，帮助经营主体招商引资，优化人才环境，吸引高科技企业入驻，积极发挥桥梁作用。

6. 发展冷链物流，培育江苏冷链物流龙头企业

在日本，高效、专业、精细的农产品冷链物流为国民提供了高品质的农产品，也使整个农产品产业链的价值得到了提升。日本农

产品的冷藏运输业已实现90%以上，大大降低了农产品在运输过程中出现的损害，这对农产品质量恒定起到了不可忽视的作用，也使农产品品牌的运营得到了保证。江苏在这方面与日本还存在不小的差距，目前，江苏全省在农产品运输方面有近十万辆的冷藏车缺口，因此，发展冷链物流有助于江苏农产品品牌的长期发展。江苏要建立完善的冷链物流系统，保证农产品比如大闸蟹等在保鲜状态下的远程运输。要向先进国家如日本学习其特有的冷链运输系统建设，比如温度控制技术，保证从田间地头的农产品到消费者餐桌的食材质量恒定，也可以为江苏农产品品牌走出中国、走向国际创造机会。

7. 多渠道推广江苏农产品品牌，打造网红推广能手

江苏很多农产品品牌有一定的发展历史及文化特色，我们要注重挖掘其内在特质、文化内涵、品牌故事，并要注意开发与现代文化、与年轻人的接触点，培养年轻人对江苏农业品牌的忠诚度，积极与消费者之间进行情感沟通。我们除了要多利用网络、电视、报刊、展销会等主流渠道增加品牌的宣传报道机会之外，也要适应时代，利用新媒体如抖音、微博等技术，增强江苏农产品品牌在消费者心目中的主体形象，提高农产品品牌的知名度。另外，还要积极开拓国际市场，要注意在农产品品牌文化包装等方面与国际主流价值观接轨，同时保留自身特色，切不可随大流，导致快速消耗品牌价值，这不利于江苏农产品品牌的长远发展及良好形象的树立。

8. 严厉打击假冒品牌，维护品牌市场运作环境

政府部门要规范区域品牌、企业品牌等之间的关系，明确使用规则，防止其被滥用；要加大对农产品品牌的冒牌套牌的打击力度，探索"政、企、民"多方参与的品牌运作机制，建立互惠互利的联结关系，打造区域品牌；要做强农产品区域公用品牌，有助于带动整个江苏农业农村发展；要整合资源，发挥区域优势，把产品销售出去，把人引进来，通过特色农业产业发展带动乡村旅游业的发展，有利于江苏农产品价值的重塑，促进农产品品牌的溢价，甚至带动整个江苏农业的转型升级。

9. 加强农村新业态培育，谋求江苏农业品牌大发展

产业兴旺对未来江苏农业和农村的现代化提出了更高要求。未来江苏的发展不能再以牺牲环境、浪费资源为代价，而是要坚持走绿色化、高效化、特色化、融合化、市场化、生态化发展之路。加强乡村农业生产的数据统计工作，强化数据采集质量，确保源头数据可靠真实。有了农业生产的数据基础，就可以利用数据开展江苏农业的创新工作和开拓工作。可以利用大数据技术、现代信息技术，以及先进的经营理念和经营模式来转变江苏的传统农业。促进江苏农业与旅游、健康、养老、体育、教育的深度融合，形成现代休闲农业、农村养生养老、农村电子商务等新产业新业态，打造绿色、生态、环保的产业链，打造江苏包括农作物的田园创意景观，凸显江苏地域风情的特色创意产品，策划以休闲为主题的各类宣传推介活动，以谋求产业发展带动江苏农产品品牌的大发展。

第二章　江苏乡土人才的种类和作用

第一节　乡土人才的概念

一、乡土人才概念的提出

"乡土人才"这一概念最早是从民间开始提出的。刘乃然（1986）通过研究发现，辽宁锦县（今凌海市）为二十七名自学成才的农民评定专业技术职称并按月发放津贴，这有效地调动了乡土人才的积极性，为当地乡镇企业显著提高了经济效益。文中认为，这一批没有文凭，靠自学成才的乡镇企业技术人员和企业管理人员，他们的实际能力已经达到了助理工程师和技术员的水平，他们被人们称为"乡土人才"。肖景阳（1987）以少数民族地区对"乡土人才"资源的综合开发为例，要求破除"人才"旧观念，确立"乡土人才"的概念。他将人才分为"专门人才"和"乡土人才"

两种，认为"专门人才"是经过国家正规培养、训练和认可的，具有较高较系统的专业理论知识和技术水平的人才；"乡土人才"是无学历、无专业技术职称，但有一技之长和丰富实践经验的能工巧匠。

我国官方正式提出"乡土人才"这一概念是在2003年中央召开的人才工作会议上。随后在2007年11月，中央印发《关于加强实用人才队伍建设和农村人力资源开发的意见》，强调"加强乡土人才队伍建设和农村人力资源开发是一项重大而紧迫的战略任务"，并对加强乡土人才队伍建设和农村人力资源开发进行了详尽的部署。在此基础上，相关单位围绕乡土人才开展了一些研究工作，并对乡土人才的培养相继出台了相关扶持措施。一是农业农村部在全国范围内开展了乡土人才的统计调查，初步摸清了家底；二是启动了乡土人才培养"百万中专生计划"，并大力开展各类农民包括乡土人才的教育培训。

二、乡土人才的定义

人才是一个内涵极其宽广的概念，凡是具备做好某项工作所需要的知识和技能，能克服困难、胜任某个岗位的人，我们都可以称其为人才。

关于乡土人才的定义，学者们代表性的观点如表2-1所示。

表 2-1　学者关于乡土人才定义的观点综述

学者	年份	观点
彭建兵	2017	乡土人才，即农村实用技术人才，是指具有一定知识或技能，能起到示范与带头作用，为当地农业和农村经济发展做出积极贡献，并得到群众认可的农村劳动者。
韦　红	2017	乡土人才，主要是指活跃在农村经济社会发展第一线的具有一技之长的"田秀才""土专家"。他们虽然文化水平不高，但都身怀绝技与绝活，往往是传承技艺的巧匠，有带领群众致富的能力。
李建方	2018	"乡土人才"实则是指有一技之长、对推动农村经济发展能做出贡献的实用性人才。

综上所述，所谓乡土人才，是指扎根在农村一线，具有一定的专业知识或技能，在农业生产和农业经济发展中能发挥示范与领先作用，能创造较好的经济效益和社会效益，并为群众所认可的农村实用技术技能人才。乡土人才是生产和生活在农村本土的"田秀才""土专家""小能手"，这些乡土人才虽然文化水平不一定有多高，但往往有自己独特的技艺，他们有的是传承技艺的能工巧匠，有的是带领百姓致富的一方能人；他们是农村的生产专才，是农业种植、农产品养殖或鱼产品捕捞等方面的行家里手；他们也可以是农业的经营能人，是乡镇企业经营人才或农产品经纪人，抑或是农民合作经济组织的领头人；他们还可以是农村的能工巧匠，他们具有雕刻、美术或纺织等文体艺术方面的传统技能。

目前，对于乡土人才概念的认识，包含了狭义和广义两个层面。在狭义方面，乡土人才主要指在农村传统的种植业、养殖业领域具有一技之长的生产能手。这一类人主要是人民俗称的"田秀才""土专家"。而那些农村或农业经营管理人才或从事农村手工业的能工巧匠并没有包含在内。在广义方面,只要是生产和生活在农村,在农村的各行各业中具有一技之长的劳动者,都可以被称为乡土人才。这个范围宽广了许多,已经涵盖了农村生产中的各种各样的实用人才。

乡土人才队伍作为一个具有独特技艺技能的人才群体,他们对农村当地的经济发展具有重要的作用,因为他们长期生活在农村,熟悉当地的生产环境,在农业生产方面也具有丰富的经验,是农村基层组织的中坚力量。改革开放四十多年来,我国农村经济和农村产业不断发展,离不开一批扎根于农村的乡土人才,他们坚守在农村生产生活的第一线,利用自己的技能特长引领着农民群众发展生产、奔小康,成为农村经济发展的中坚力量。

本书所述的乡土人才主要包括:① 在农业领域从事种植或养殖的专家、具备一定知识的"田间秀才"或在农产品加工领域内从业的技能人才;② 农民专业技术协会中的骨干;③ 在农业中间产业内从事与农业生产相关的物流,或者从事农产品销售的营销、经纪人、农产品推广和农业服务产业等行当的技能型人才;④ 具有一技之长的能工巧匠;⑤ 农民企业家;⑥ 带领农民致富取得明显成绩的乡村村组干部;⑦ 回乡创业的大中专毕业生、知识分子、打工青年;⑧ 与农业产业相关的社会学从业人员,包括农业产业经营、乡村社区管理、乡村文化产业服务、新兴农业产业的乡土人才,以及农业大数据、信息领域相关的从业人员,包括乡村教师、农业专家、信息专家等，以及在乡村从事教育、医疗（含兽医）、艺术等产业的其他从业人员。

三、乡土人才与新型职业农民的关系

从 2017 年年初开始，培养"新型职业农民"成为我国农村农业发展过程中的重要任务。2017 年 1 月 9 日，农业农村部提出了"十三五"期间培育 2 000 万新型职业农民的发展规划目标，习近平总书记在近年来的两会中也多次提出，要支持"三农"，贴近农民，注重农业人才的培养，尤其是对爱农业、了解农业、懂技术，在农业生产经营方面有经验、有技术的乡村人才的储备和输送。乡土人才在农业人才培养中的地位不断提升。

新型职业农民是现代农业的主要承担者，他们以农业生产为主要职业，经过必要和规范的技术和专业技能培训。新型职业农民的收入来自农业生产或农业销售经营。根据职业农民不同的从业类型，可以将其分成生产经营型，主要从业领域为种植或养殖业、技术指导及大数据分析与监控等；专业技能型，主要从业领域为某个特定农业产业的技术开发、育种、农药使用技术、病虫害技术指导等；社会服务型，主要从业领域为与农业产业相关的金融、物流、经营管理、营销等。从概念可以看出，新型职业农民可能是熟悉乡村生产与生活的乡村原住民，也可能是以乡村生产为职业的，经过规范化和标准化培训的，在技术、经营管理和农业产业现代化发展方面具备前瞻性的人才，这些人才能够有效促进农业信息化、机械化发展,在理论方面具备较完善的知识体系,已经成为新型农业生产经营主体和推进农业机械化,发展生态农业、智慧农业和家庭农场等新型农业发展模式的主力。

对于传统的农业人才而言,新型职业农民在技术、前瞻性、思想性方面往往具有创新性,不再只是满足于自给自足的生产方式,对祖祖辈辈流传下来的土地不再只凭借经验耕种。新型职业农民已经成为一种全新的职业和身份,其内涵已经发生了颠覆性的改变。这种改变打破了以土地所有权为从业者决定因素的现状,破除了从业壁垒,让更大范围、更高技能、更宽眼界的人才大量涌入现代农业,让传统农业在土地流转和乡村振兴的现代战略背景下不断向现代化、智慧化、信息化方向发展,推动乡村的真正全面振兴。新型职业农民的出现既是社会发展的结果,也是农业继续发展的必然要求。发达国家的农业快速发展和高效的农业生产经营,离不开职业农民的推进,美国、英国、荷兰、法国、德国、日本和韩国等国家的新型职业农民在提升农业生产效率、推进农业新业态发展等方面,起到了不可忽视的作用。而我国的农业发展历史虽然十分悠久,但是农业现代化的速度还很缓慢,对新型职业农民的培育还需要漫长的时间。

根据以上所述可知,乡土人才与新型职业农民是既有区别,又有联系的两个概念。乡土人才与新型职业农民都是与农村农业有关的职业人群,但是其职业面向有所不同。新型职业农民的职业就是农民,他们是围绕农业产品进行生产、加工、销售的职业农民;乡土人才是扎根于乡村,围绕农业或农村生活而开展生产、销售、技术服务的人,他们既包括农民,也包括手工业者,还包括从事商业活动的商人。因此,从这层关系上来看,乡土人才的范畴要比新型职业农民更广,新型职业农民属于乡土人才的一部分。

乡土人才与新型职业农民的具体联系和区别如表2-2所示。

表2-2 乡土人才与新型职业农民的联系和区别

相同点	① 均是服务于农村一线。
	② 都有一定的专业技能。
	③ 都能产生较好的经济效益或社会效益。
不同点	① 从性质上看,乡土人才是一种身份,而新型职业农民是一个职业。
	② 从职业面向上看,乡土人才包括农民、手工业者、商人等,而新型职业农民则主要是农民。
	③ 从所拥有的技术能力来看,乡土人才是以传承和创新发展传统的技能为主,其技能是通过自己长期积累或上一辈传承下来的。而新型职业农民的技能则主要是通过有组织的培训或集中学习获得的,其所学技能主要是现代科学类的种植、养殖或经营技术。
	④ 乡土人才是获得当地群众的认可的,政府认定的少;新型职业农民一般会得到政府的认证确定。

第二节 乡土人才的分类和特征

一、乡土人才的分类

根据乡土人才所从事工作的性质,可以将乡土人才分为生产经营型、专业技能型和社会服务型三大类。

1. 生产经营型

生产经营型乡土人才是指在市场经济条件下现代农业产业的经营者、农村经济合作组织的管理者等现代农村经济的企业管理人才，包括乡镇企业的厂长或企业主，一些种植或养殖生产规模明显大于当地传统农户的专业大户等。这类人才具有专门的管理知识与技能，他们以农业企业或种植场或养殖场的生存和发展为己任，担负企业整体经营的领导职务，并能为企业创造较高绩效的经营管理人才，他们是搞活农村经济、活跃农村市场的重要力量。

2. 专业技能型

专业技能型乡土人才是指从事农业生产机械化、农产品种植多样化、传统型农村人才等引领农业科技前沿、推动农业科技成果转化的专业技术型人才，包括获得农民专业技术职称或"专业技术证书""绿色证书"的专业技术骨干，乡镇企业中的专业技术人才，从事农业生产的科技示范户、专业生产示范户、专业技术协会骨干，具有一技之长的能工巧匠，村级卫生室医务人员，农村文艺骨干等。这类人才常年奔波在农村一线，为农业生产提供种植、养殖、新型农机具使用等方面的技术指导，对提高农业生产水平，建设现代农业起着关键性作用。

3. 社会服务型

社会服务型乡土人才是一种复合型人才，主要从事乡村社会管理类的工作，如乡村行政方面的工作、公共事业方面的工作、土地管理方面的工作，以及社会保障方面的工作。除此之外，社会服务型乡土人才还包括一些村组干部、农村红白理事会、农村新型社会组织负责人，以及妇委会、共青团工作人员等。社会服务型乡土人才是乡土人才队伍中最基本的骨干力量，是农民的领头羊，是农村经济发展的主心骨，他们熟悉农村工作，面临的工作对象就是本村的乡民，因此，他们的素质对于农村经济的发展有很大的影响。

二、乡土人才的特征

1. 实践性

乡土人才是扎根于乡村生产、生活实践中成长起来有一技之长的农村人，他们的手艺大多来自历史的传承，或源自自己长期的实践积累，是人类文明的见证和延续，无论今天他们是大众还是小众，他们所从事的工作都是创造性实践的反映。因此，乡土人才在工作过程、作业对象、工作业绩效果等方面，都体现了较强的实践性特点。乡土人才也由于其所从事工作的实践性较强，对农村经济发展能够做出较大的贡献，因此，乡土人才也能获得人们广泛的认可。根据其所从事的实践领域不同，乡土人才划分为不同的类别，而根据其人才实践所产生的不同绩效，乡土人才也有不同的层次之分。

2. 草根性

乡土人才来源于乡村，属于农业内生型大众人才资源，土生土长是其本质特征，因此，他们又具有很深的乡土气息和草根性。出于对原生地农村环境和人文背景的熟悉与了解，他们能够在农村生活和农业生产中更加融洽与高效，其能力和技术能够较好地适配当地的社会经济。因此，从某种程度上来讲，乡土人才能够在当地得到尊重和满足，其流动性较低，能够较容易地扎根于当地。如果乡土人才流动到另外一块区域，则很可能因为生活习惯、风俗等不同而表现得不适应。

3. 动态变化性

首先，乡土人才不是一出生就具备某种技能的，其技能由生疏到熟练精通有一个发展过程，而这个过程就是一个动态发展的过程。比如，苏州镇湖 8 000 绣娘绣出 10 亿元的产业，很多绣娘就是在打工中学习，然后走上了传承这一非物质文化遗产之路。其次，对乡土人才的认定也是一个动态发展的过程，随着乡村农业经济的不断发展变化，对于什么是乡土人才，人们的评价和认定也会发生变化。

4. 复合多样性

乡土人才所拥有的技能可能不是单纯的某一项技艺，他们也许是多种技能的集合体。比如，一位从事养殖业的能手，他也可能是种植业生产经营专家，或者是乡镇企业的管理人员。除此之外，农村中一些技术类乡土人才往往本身就从事一些乡村行政事务、社会服务或公共事业的管理。

5. 潜在性

由于当前我国对乡土人才尚未形成一套成熟的评价机制和评价体系，当前对于乡土人才的认定缺乏权威性，因此，就很难将乡土人才从一般的农村人才中区分出来，也难以对乡土人才的工作绩效进行相应的有针对性的奖励。因此，虽然当前乡土人才获得了当地人民群众的认可，但由于缺乏一个获得政府认可的平台和机制，许多有才能的乡土人才"潜伏"在民间，其自身的价值受限，才干和能力并没有得到最大的开发，因此，乡土人才本身也是一个待开发的潜在资源。

第三节　乡土人才的意义和作用

一、乡土人才的意义

开发和管理好乡土人才对于开展社会主义新农村建设，解决"三农"问题，实现乡村振兴，具有十分重要的意义。

1. 开发管理乡土人才是发展农村经济，实现农村脱贫致富的需要

我国在"十三五"期间确定了脱贫攻坚的目标是，到2020年在全国范围内实现脱贫，全面消灭贫困。而根据我国"三步走"的战略规划，到21世纪中叶，我国达到中等发达国家水平，人民全面实现共同富裕。要实现这些目标，就无法忽视我国作为农业大国的现状，积极发展农村农业经济。而建设一支数量众多、素质较高的乡土人才队伍则是全面实施"科教兴农"、最终实现我国战略目标的基础和保证。

2. 开发管理乡土人才是加快农村科技进步，实现乡村振兴的需要

乡土人才的最大特点和优势，是对农业产业历史渊源、乡村文化了解充分，对乡村有强烈的情感，这些对乡村健康发展有着重要的意义。在如今农民技术能力得到补充的同时，如何保留乡愁，让乡村重新恢复绿水青山，不再只是追求经济效益，绿色和可持续思维显得尤为重要。乡土人才是其中的关键因素，只有具备一支既有一定数量，又有一定质量的科技人才队伍，才有可能在乡村实现现代科学知识的推广和普及，进而实现我国"科教兴村""科技兴农"的战略目标。乡土人才从哪里来？虽然我国采取了诸如"双放"政策等一些利好政策，以鼓励科技人才到农村第一线发挥作用，但广大乡村仍然存在"人才难得，数量有限"的问题，无法从根本上解决乡村人才短缺的状况；虽然我国也从资金、政策等方面进行支持，帮助农村农业引进各类专业技术人才，但是，最终留在农村的人才依然很少。因此，解决农村农业人才不足问题的根本出路，就在于因地制宜，开发当地优秀乡土人才。从我国农村的实际情况来看，在民间也确实存在很多乡土人才，如果能利用好这支乡土人才队伍，深入而全面地组织、挖掘、整合乡土人才在乡村社区建设与文化振兴及新兴产业发展方面的作用，那么就能够很好地补充我国农业人才的短板，在提升农业发展速度的同时，促进我国乡村社会高质量发展。

3. 开发管理乡土人才是充分挖掘乡村人才要素，实现教育扶贫的需要

进入21世纪以来，由于重视程度不够及部分工作方法未能及时适应农村经济建设的需要，因此，对乡土人才的开发管理工作受到削弱，乡土人才队伍存在少、散、差的问题。具体而言，一是尖子人才少。从总体上看，尽管农村中乡土人才数量较多，但各方面表现突出、有较大影响力、有建树的顶尖乡土人才很少。二是组织管理松散。由于我国农村的管理体系本身就比较松散，因此，对于乡土人才的管理也处于任由其自生自长、自消自灭状态。三是素质差。许多乡土人才并没有接受过专业系统的正规教育，其知识更新不快，导致一些乡土人才在农村经济迅速发展的形势下失去了竞争力，素质明显不适应形势发展。以苏州市蠡口镇为例，2000年以前，先后办起了地毯厂、家具厂等乡镇企业或村办企业，但对乡土人才重使用、轻培养，导致乡土人才不具备前瞻性，在激烈的市场竞争中，无法实现思想和技能的全面更新，从而出现了短视性，无法跟上时代潮流，造成企业技术落后、产品积压，并最终导致企业破产。因此，要改变这种状况，就要加强对乡土人才的管理和开发，实现人尽其才。

二、乡土人才的作用

随着我国当前脱贫攻坚工作的深入推进，乡土人才的作用也越来越重要。通过搭建选拔、培训、创业三大平台，可以为农村乡土人才成长、发展提供更好的发展空间，有利于充分发挥乡土人才引导、示范和带动这三大作用。

第一，搭建选拔平台，有利于发挥乡土人才的引导作用。我国一些地区采取个人自荐、乡镇推荐、市人才办审核"三步法"定期在各乡镇选拔优秀的乡土人才，按照统一的乡土人才分类标准，印制乡土人才卡，对乡土人才统一"授牌"，发挥乡土人才的引导作用。同时，推行乡土人才"星级"管理办法，年初对每位乡土人才设立一颗"底星"，对群众基础好、业绩突出、获上级表扬奖励等人才不断给予相应"加星"，对慢作为、不作为、受处分等人才逐步给予相应"减星"。年底对各人才获星情况"结账"并记录在册，作为对乡土人才开发、选用的依据。这充分调动了乡土人才工作的积极性。

第二，搭建培训平台，发挥乡土人才的示范作用。我国一些地区将乡土人才培养工作纳入市级人才工作计划，整合精准扶贫、电子商务、旅游开发培训项目，定期组织开展农村实用技术培训，选送农村优秀青年到大中专院校深造，组织乡土人才外出参观学习，通过科技下乡、送技术上门、专题讲座、实地讲解与现场指导等方式，逐步建立具有地方特色的人才培养机制，壮大乡土实用型人才队伍，提高乡土人才的创新能力。这些乡村人才在掌握技术后，其所处行业或企业不断扩大生产规模，综合效益显著提高，有效地发挥了"选拔一批能人，带动一方百姓，搞活一片经济"的人才示范效应。

第三，搭建创业平台，发挥乡土人才的带动作用。通过完善乡土人才激励机制，比如，每年旗帜鲜明地表扬一批"富民典范""模范工匠""创业先锋"，并结合基层组织建设，注重在乡土人才中培养入党积极分子，将部分致富能力强的乡土人才培养成村干部，加大"两代表一委员"在乡土人才中的推荐力度，让乡土人才觉得在政治上有奔头。同时，加强对乡土人才创新创业项目的支持，让乡土人才在项目申报、技术开发、贷款申请、人才引进等方面享有与全民所有制企事业单位技能人才同等或相似的待遇，优先优惠享受各类技术辅导和服务，有效推动乡土人才的创业兴业热情，有利于乡土人才带动群众脱贫增收。

第四节　我国乡土人才发展中存在的问题及对策

一、我国乡土人才发展过程中存在的问题

当前，我国乡土人才的发展存在如下问题。

1. 乡土人才数量少，分布不均衡

从总量上看，乡土人才总数较多，但相对于9亿农村人口这个庞大的基数，相比于新农村建设和现代高效农业发展对农村实用人才的巨大需求，乡土人才在我国农村人口中占比不到10%，这一比例是相对偏低的，与日本等发达国家相比是远远落后的。此外，我国农村乡土人才在各镇、村的分布也极不平衡，尤其是在一些偏远乡村，人才罕见，发展滞后。

2. 整体素质仍不高，拔尖人才稀少，缺乏科技致富领军人物

乡土人才学历普遍不高，受过高等教育的人较少。而且，现在实用技术型乡土人才大多是种植、养殖方面的能手，而在企业、商贸、信息、市场流通、科技等方面的专业人才还不多，对农业产业的整体认知、发展方向认识普遍不足，所受文化熏陶不足，无法达到智慧化、信息化人才培养要求。

3. 乡土人才的社会认同度不高

由于长期以来受传统思维的影响及缺乏官方的认证，因此，许多人虽然认可乡土人才所具备的一技之长，但仅此而已，在他们脑海中，这些乡土人才与其他农民并没有本质区别，把乡土人才与农村种植、养殖专业户等同的观点仍然普遍存在。另外，尽管一部分乡土人才如种植、养殖大户等，他们虽然凭借自己的技艺特长成功致富了，但是受传统小农意识的影响，部分乡土人才出于自身利益的考虑而不愿意将自己的技术与其他农民分享，这也导致了当地乡民把这些乡土人才看成"暴发户"，从而导致乡土人才的社会认同感下降。

4. 乡土人才的培养渠道不完备

对乡土人才的培养是一项公益性事业，我国没有专门的机构对乡土人才进行培训、选拔和认定，而且培养某些乡土人才还需要投入大量的人力、物力、财力，需要政府协调多个部门，发挥全社会共同的力量才有可能做好。虽然我国有些地方政府建立了乡土人才的选拔和培养机制，但目前就全国范围内而言，乡土人才的培养渠道仍然是不完备的。

5. 发挥作用的平台小

乡土人才虽然具有一技之长，但是其所掌握的技能往往是单一的、不成体系的，因此，其技能开发的潜力不足。此外，乡土人才没有官方认定，他们既不是科研院所的研究人员，也不是官方指定的科技推广人员，大多数情况下乡土人才处于一种自生、自发、自为的状态，这使得他们在社会上缺乏发挥更大作用的平台。

6. 农村乡土人才外流严重，扎根在农村发展的人才较少

当前，农村市场竞争力下降，城市吸引力增强，大城市的虹吸效应明显。2020年4月30日国家统计局发布的《2019年农民工监测调查报告》显示，2019年我国农民工总量达到29 077万人，比2018年增加241万人，这其中就有许多流向城市的乡土人才，而且这一比例在近年来呈现出连续增长的趋势。

二、发展我国乡土人才队伍的对策建议

具体而言，发展培育和壮大充实我国的乡土人才队伍，可以从以下五个方面来进行。

第一，要长远规划"谋"人才。对不同领域的农业乡土人才而言，要根据农业产业的个性特点和乡村文化，充分了解乡土人才的分布和规模，在此基础上，对乡土人才的规模、结构、受教育程度与培养孵化需求等进行分析和了解，为进一步精准培育、对口培养乡土人才打下基础。要充分考虑在农村合作社、乡村电子商务、订单农业、土地流转等新领域、新业态中涌现出来的新型技能人才、管理人才。要通过实地调研全面掌握乡土人才信息，即挨家挨户全面掌握本区域乡土人才的实际情况，把各行各业、农村社区的能工

巧匠找出来，并且将这些乡土人才的资料诸如家庭信息、技能技艺、各项需求意向等详细情况建立档案或信息卡。对乡土人才的了解和摸底是动态的，要将产业动向、农业市场等环境变化因素都纳入对乡土人才的走访中，对人才挖掘和孵化的模式与方法要进行动态调整和管理。围绕各乡镇农业支柱产业，从实际出发，根据农村社会经济发展要求，制定本地区乡土人才培养规划，做到既有长远目标，又有整体规划，还有制度措施。将对乡土人才的培养规划纳入农村发展总体规划之中，在发展农村社会经济总体布局下谋划乡土人才培养。

第二，要创新形式"育"人才。要不断创新，采用多种方式加强对乡土人才培训的实用性、针对性和有效性。对乡土人才的培训是多元化、多样化、立体化的。对乡土人才培训的形式除了课堂的集中培训之外，还应该有专家项目式引领、现场指导、学徒制、远程指导、网络技能输送、农业思想研讨等多种形式齐头并进。人才培训的内容要以农村农业中的实用技术为主，要抓住科技进步对农村农业发展的要求。在传授方式上，要从传授单一知识技能向传授经济管理、新型技术、现代农业科学等多个领域的知识技能延伸，做到学有所需、学有所用。对所"育"合格的乡土人才还要进行官方认定，增强乡土人才身份的认可度和权威性。

第三，要提升层次"强"人才。要搭建各种平台，加强乡土人才的出彩机会。可以依托各种农业产业园区、家庭农村及各种农村合作社等，形成一批乡土人才孵化与培养基地，扩大对乡土人才培训的覆盖面及培训的深度，并且开办一些较有影响力的示范培训班，让优秀的乡土人才能够形成一批较有影响的成果，发挥其示范引领作用，为后面的乡土人才的深入培训积累经验。因此，可以按照乡土人才的知识技能特点，选拔一批示范能力强、带动效果好的乡土人才，对他们进行重点培养，为其搭建强平台，彰显其知识技能和成果效益，起到一种灯塔引领的作用。

第四，要转化成果"用"人才。乡土人才与乡村有千丝万缕的联系，乡土人才的典型带动与职业农民不同，乡土人才能够在农业领域内充分发挥引领和示范作用，因此，乡土人才的发展空间应该更加广阔，可以拓展到社区、人文、艺术、历史、休闲产业中。鼓励和支持乡土人才牵头组建农民专业合作社，创办现代农业示范区和科技示范基地企业，成立各类公司或企业，帮助农民增加产量，开展品牌营销活动等，把他们的培训成果转化为现实生产力，切实发挥致富引路、科技示范和辐射带动作用。

第五，要建立机制"奖"人才。要优化乡土人才的发展环境，改善乡土人才的生产、生活环境，整合扶贫、教育、人社、财政等部门的资源资金，对乡土人才的成长、发展进行扶持。此外，还要建立配套机制激励乡土人才，比如安排好乡土人才在子女入学教育、社会医疗保险等方面的需求。对于一些创业的优秀乡土人才，要在政府政策支持、资金补助、信息服务、技术支持及培训教育等方面优先考虑。同时，对于有突出贡献的乡土人才，要给予精神上和物质上的奖励。

第三章　江苏职业院校乡土人才培育现状

2017年10月18日,习近平总书记在党的十九大报告中提出了"实施乡村振兴战略",主张乡村振兴需要一支"爱农村、懂农业"的基层干部队伍,需要一批"有文化、有情怀"的乡土人才。乡村振兴战略给职业院校培育乡土人才提出了新的要求,同时也为职业院校的发展指明了新的方向。

第一节　江苏职业院校培育乡土人才情况分析

一、江苏职业院校培育乡土人才概况

据统计,江苏省共有职业院校600多所,其中高职院校90所,总体教学质量位居全国前列。但是江苏大部分职业院校定位于培养面向城市生产一线所需要的高素质技术技能人才,而为农村培养实

用型乡土人才的职业院校相对很少。以江苏全省高职院校为例，拥有涉农专业的学校仅有 18 所，比较典型的涉农高职院校有江苏农牧科技职业学院、江苏农林职业技术学院和苏州农业职业技术学院等。总体而言，江苏省职业院校培育乡土人才还处于起步阶段，不管是培育乡土人才的数量，还是培育乡土人才的质量都有很大的上升空间。

随着"乡村振兴"成为国家战略，职业院校越来越重视对"农村人才"的培养。江苏职业院校也意识到培育乡土人才的意义和重要性，从专业设置调整、人才培养方案修订，到合作企业的选择、兼职教师的聘请……越来越多的江苏职业院校开始思考培育乡土人才这个问题。江苏职业院校充分利用各项政策，积极组织力量通过各种形式培育乡土人才。江苏职业院校一方面通过开设涉农相关专业，系统性培育乡土人才，为农村输送专门乡土人才；另一方面与县农技社、社区街道等部门合作，联合培养乡村特色人才，培育"土专家""田秀才"。"十三五"期间，江苏省预计完成各类乡土人才培训 400 万人次，建成 50 个乡土人才技能大师工作室。而江苏职业院校是培育各类乡土人才的主力军，培训乡土人才的人次数逐年增加，在"乡村振兴"中发挥的作用也越来越明显。

二、江苏典型涉农高职院校培育乡土人才现状

江苏典型涉农职业院校有江苏农牧科技职业学院、江苏农林职业技术学院、扬州市职业大学和苏州农业职业技术学院等。本研究

在实地调研的基础上,通过对调研所得的相关资料和数据进行分析整理,进一步总结了江苏省内典型涉农高职院校培育乡土人才的经验。

1. 江苏农牧科技职业学院与知名企业合作培养农牧人才

江苏农牧科技职业学院是首批国家示范性高等职业院校,是中国东南沿海地区唯一以培养农牧科技类技术技能型人才为主的高等院校。江苏农牧科技职业学院积极吸收德国"双元制"职业教育模式的优点,通过校企合作、产教融合,创新实践了生产与教学"双元一体化"人才定向培养模式。江苏农牧科技职业学院先后吸引现代牧业集团、南农高科动物药业有限公司等知名企业组建了"现代牧业班""南农高科班"等多个定向培养班,定向培养高素质技术技能型动物疫病防控专门人才。江苏农牧科技职业学院和这些名企合作,不仅可以解决乡土人才定向培养班的运行开支,还可以利用企业的"生产型实训基地"和"专家级教师团队"。通过定向培养班,合作企业可以将企业资源引入课堂,用企业文化引领学生提高职业素养,从而更好地培养技术技能型乡土人才。

2. 江苏农林职业技术学院创新乡土人才培育模式

江苏农林职业技术学院是国家示范性高等职业院校、教育部首批现代学徒制试点单位、全国深化创新创业教育改革示范高校。江苏农林职业技术学院依托现代化实训园,组织学生开展训、赛、孵、战等一体化教学模式,将课堂办到田间地头,将教师的教学和学生的实践紧密结合起来。江苏农林职业技术学院结合产业办专业，组织学生（含职业农民等）进行承包经营、实战演练。学生从土地的平整、种苗的定植，一直到后期果实的管理，全程都在实训园里。通过承包经营、实战演练这种教学模式，学生能够更好地把理论知识和实践知识进行融合，在毕业工作之前，就已经完整地掌握了一项专业技能，因此，毕业后工作伊始便能够很快上手，从事生产、管理和技术服务。江苏农林职业技术学院还积极招收新型职业农民进行培训，充分利用实训园，将最新的技术融合到培训课程中，给新型职业农民传授最新的农业技术和管理技巧。

3. 扬州市职业大学独创职业农民培训新模式

扬州市职业大学作为扬州市属高职院校，围绕乡村振兴战略，通过培训新型职业农民，为服务地方建设做出了显著的贡献。扬州职业大学的新型职业农民培训，从2013年的400人次增加到了2018年的3 439人次，培训范围也从扬州地区拓展到周边的镇江、南京、常州、苏州等地。为了更好地培训新型职业农民，扬州市职业大学不仅组织编写了《农产品电子商务》等一系列专门培训教材，还独创了"首席专家+学术班主任+生活班主任"的培训模式。在每次培训项目启动前，由"首席专家"领衔组建的教学团队会深入农村，针对农民需求进行调研，反复研讨确定培训方案。根据职业农民的特点，扬州市职业大学还确定了"不是农闲不集中，集训不超过5天"的原则。在培训的过程中，学术班主任会记录每次农培讲座的重点和讨论环节，帮助农民及时巩固和掌握知识。同时，学术班主任在每次课后还会发放在线调查问卷,随时了解反馈培训课堂教学的效果和职业农民的学习情况。生活班主任的作用则是为职业农民提供生活上的照顾,协助参加培训的职业农民解决食宿、交通、医疗等方面的问题。

4. 苏州农业职业技术学院与政府合作,定向培养新型职业农民

苏州农业职业技术学院通过与地方政府签署协议,采用政校合作、定向招生、定岗培养的方式,有针对性地培养新型职业农民。2011年,苏州农业职业技术学院与太仓现代农业园等园区合作,对农业从业人员开展培训,并于2013年共建"园中校",探索建立农民社区学院网络体系。2013年9月,首批太仓青年职业农民定向培养班100名学员入学。2015年,苏州农业职业技术学院与苏州市吴中区东山镇政府达成协议并成立东山学院,共同研究地区农业经济发展的新模式,共同培育新型职业农民。2018年10月,苏州农业职业技术学院与常熟市政府签署了委托培养基层农村人才的合作协议,现代农业技术"常熟班"正式开班,计划5年内定向培养300名新型职业农民。2011年以来,苏州农业职业技术学院已经先后与太仓市、昆山市、高邮市、常熟市等地方政府合作,定向培养新型职业农民。经过多年探索,苏州农业职业技术学院逐步形成了新型职业农民培育的"苏南模式",为苏南地区乃至苏中地区的乡村振兴提供了强大的人才支撑。

第二节 江苏职业院校培育乡土人才现状分析

以乡土人才为主体的农村实用人才是推进乡村振兴的主导力量，必须加大乡土人才的培育力度，为乡村振兴提供人才保障。乡土人才培育，需要地方高校，特别是职业院校主动参与，才能有效提升乡土人才的实用能力和综合素质。近年来，江苏职业院校一直坚持积极响应政府号召，通过多种形式开展乡土人才培育，切实提升新型职业农民的技术技能。本研究通过对江苏职业院校涉农专业的相关教师进行问卷调研和重点访谈，结合政府网站资料，可以分析、总结出江苏职业院校培育乡土人才的对象、形式和内容。

一、江苏职业院校培育乡土人才的对象分析

2018 年，以城镇化率口径统计的江苏乡村人口，占江苏省总人口数的比重仅为30%多，但以农业普查口径统计，2018 年江苏乡村人口占江苏省总人口的比例仍然在50%以上。2018 年，江苏农村居民人均可支配收入达 20 845 元，20%以上的农村人口参加了新型农业经营组织或采用了新型农业经营形式，包括公司化、农民合作社、专业协会等。越来越多的农业经营单位开展了餐饮住宿、采摘、垂钓和农事体验等新型经营活动，或通过电子商务等新型方式

销售农产品。

农村人口从事的职业不断增加,使得江苏职业院校培育的乡土人才更加多样化,主要包括种植养殖大户、农村专业合作社骨干、农业经营企业负责人等。通过统计分析江苏农牧科技职业学院、江苏农林职业技术学院、扬州市职业大学和苏州农业职业技术学院等江苏全省职业院校培育乡土人才的情况,可以大致得到江苏职业院校培育乡土人才的对象分布比例(图3-1)。乡土人才的培育对象中,种植养殖大户占了较大的比例,主要是由于江苏农村的土地承包责任制落实得比较普遍,很多农民都有自己承包的土地或种植其他人承包的土地。而对于牲畜的饲养,江苏的规模化程度不是很高,还是以大户饲养为主。

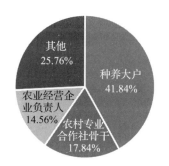

图3-1 江苏职业院校培育乡土人才的对象分布比例

本研究进一步调研分析江苏职业院校培育乡土人才的对象,发现培育对象的年龄以20~45周岁为主,受教育水平以高中和大专学历居多。他们大多对自己的本职工作比较满意,并且热爱学习,立志在农村创业兴业。这部分人群在职业院校学习的过程中也比较认真,会及时与老师沟通学习中遇到的问题,乐于接受新事物。

二、江苏职业院校培育乡土人才的形式分析

国家提出乡村振兴战略以来，江苏职业院校紧紧围绕农民的实际需求，依托江苏省农民培训工程，利用多种形式和多种渠道的培训，大力培育新型职业农民和乡土人才。江苏职业院校充分利用现代化、信息化手段，开展半工半读、在线教育等方式的培训，在培育乡土人才队伍建设中发挥了积极的作用。现阶段，江苏职业院校培育乡土人才的形式主要有集中学习形式、农学结合形式、信息化形式和现场交流形式。

1. 集中学习形式

集中学习形式是指职业院校的涉农专业直接招收有一定文化基础的年轻农民，通过1～3年的时间，集中学习农业技术、经营管理、市场推广等知识技能，系统性地培养乡土人才。集中学习可以让受培训的职业农民全面地提升技术水平和管理能力，其培训效果较好，但是这种培训形式要求受培训的职业农民有充足的学习时间，并且具备一定的学习基础。集中学习比较适合有志于在农村发展的青年农民和愿意在农村创业的学生。

2. 农学结合形式

农学结合形式是指农民在学习技术技能的时候，仍然进行农业生产活动，学习与生产交替进行的一种培训形式。农学结合的培训

形式将教学安排和农业生产结合起来，既能让受教育农民学到技术技能，又不耽误农民在田地里的生产作业，在一定程度上可以很好地处理学习与生产的时间冲突。这种培训形式比较适合职业院校附近的农民和进行阶段性生产作业的农民。

3. 信息化形式

信息化形式是指通过网站、公众号等媒介，由职业院校的专家向农民介绍农业生产技术、农产品市场行情等，提高农民知识水平和经营技能，从而培育乡土人才。通过信息化的形式，受培训农民可以根据自己的空余时间来灵活安排学习，通过视频的方式学习农业方面的最新生产技术，了解农产品未来的市场行情等。这种形式适合于对大多数农民的培训，难点是需要帮助农民安装网络，并教会农民掌握简单的信息化操作技术。

4. 现场交流形式

现场交流形式是指职业院校的教师直接去农业生产经营现场，与农民面对面交流，现场解答农民在生产经营过程中的疑难问题。现场交流形式可以给受教育农民传递最新的农业技术，为受教育农民解答生产经营中遇到的难题，有针对性地提升自己的技术水平。现场交流形式组织起来方便快捷，可随时对农民进行培训，但在实施过程中，其培训、教育规模比较受限，一般这种培训形式的受培训对象一次不宜超过10人。

江苏职业院校，不断创新培训形式，根据乡土人才实际情况合理选择培训形式，在培育乡土人才方面取得了比较明显的成效。目前，江苏很多职业院校在培育乡土人才方面已经形成了长效机制，对农民的培育已经实现定期化、规模化，对乡村振兴工作起到了非常明显的推动作用。

三、江苏职业院校培育乡土人才的内容分析

江苏职业院校通过与地方政府、农业技术协会和农村专业合作社等合作，培训形式更加多样，培训内容也不断丰富。本研究通过对多所职业院校的调研发现，江苏职业院校在培育乡土人才的过程中，不仅注重农业技术的普及、农业机械设备的操作技术指导等，还注重提升乡土人才文化素质，培养乡土人才的创新精神，等等。笔者通过对调研相关数据的整理分析后发现，江苏职业院校对乡土人才的培训内容主要包括农业生产技术、互联网技术、经营管理知识和职业素养等方面。

1. 农业生产技术的培训

农业生产技术往往是现代农民普遍缺乏的技术技能，是培育乡土人才的主要培训内容。江苏职业院校对乡土人才进行农业生产技术培训时，主要采用与乡镇一级的地方政府合作的方式。由职业院校派出师资，政府提供资金，双方共同制订培训计划，一般直接安排在农村田地、农业企业等现场进行培训，解决农民生产过程中遇到的实际问题。对于农业生产技术方面的培训，职业院校每一次只

针对少量农民开展，这类培训主要在农民的生产过程中进行，一次培训解决一个实际问题。

2. 互联网技术的培训

2016年1号文件《中共中央 国务院关于落实发展新理念加快农业现代化实现全面小康目标的若干意见》中提出了"互联网+"现代农业。越来越多的农村发展为"淘宝村"，农民开始尝试在网络上销售特色农产品，江苏职业院校也更加注重对农民互联网技术方面的培训。江苏职业院校在培育乡土人才的过程中，方面注重互联网信息技术的传授，将最新的互联网技术教给职业农民；另一方面注重提高乡土人才网络销售的实际能力。江苏部分职业院校已经开始和农产品生产、加工、销售企业合作，共同开展农产品电子商务，重点为农产品企业骨干员工培训电商美工、电商数据分析、电商运营推广等技能。

3. 经营管理知识的培训

江苏农村的发展一直走在全国前列，越来越多的农民开始走向农业管理岗位。江苏职业院校在培育乡土人才的过程中，不再局限于农业生产技术的普及，而是更加注重让乡土人才学会管理企业，带领更多的农民走向共同富裕的道路。针对农业管理岗位，需要培养乡土人才在营销管理、财务管理等方面的技能。江苏部分职业院校已经针对乡土人才定期举办工商管理研修班，根据乡土人才的实际情况有针对性地设置教学内容，为乡土人才传授经营管理知识，提高乡土人才的经营管理能力。

4. 职业素养方面的培训

近年来，江苏乡土人才的知识文化水平有了明显提高，但一些乡土人才的职业素质有待提高，这些乡土人才对农民的职业缺少认同感，缺乏创新创业精神。江苏职业院校已经开始搭建乡土人才培育平台，对乡土人才进行职业素养方面的培训，提高乡土人才的市场意识和创新创业精神等。通过校企共同谋划创业项目，在实践中培养乡土人才的职业技能和综合素质，引导乡土人才养成坚持不懈、持之以恒的劳动精神和担当意识。

第四章 江苏职业院校乡土人才培育主要瓶颈分析

在乡村振兴战略引领下,江苏职业院校培育乡土人才取得了明显进展,乡土人才培育数量和质量都得到了一定程度的提升。但江苏职业院校在乡土人才培育方面还存在不少问题,本研究通过进一步调研与分析发现,江苏职业院校在培育乡土人才方面存在的问题主要分为两个方面:职业院校本身的问题和培育对象方面的问题。

第一节 职业院校相关瓶颈分析

江苏职业院校在培育乡土人才方面,由于经验欠缺、师资相对薄弱、培育形式相对单一等,因而其对乡土人才的培育效果还不是很理想。

一、对乡土人才培育的重视程度不够

江苏大多数职业院校仍然以培育工科乡土人才为主,对于经济、法律等人文社科类乡土人才的培育还处于探索起步阶段,对这类乡土人才培育的重视程度也不够。江苏职业院校在进行招生宣传时,更多的是深入城市,而很少去乡镇;更多的是去高中,而很少直接面向农村,往往不会考虑农村人员对知识和技能培育的实际需求。江苏职业院校在专业设置时,经常会关注技术前沿方向,比如人工智能、大数据等,往往会忽略涉农专业的发展。在调研人才需求时,也会因为样本的片面性,导致职业院校认为社会对职业院校的人才需求集中于企业的技术技能型岗位,而较少关注到农业领域。另外,部分江苏职业院校的主要领导,也是技术或管理类专业出身,不了解乡土人才培育对乡村振兴的重要性,因而对乡土人才培育的重视程度不够。

二、缺乏针对乡土人才的培养方案

职业院校的人才培养方案是按专业进行制定的,而一般职业院校有涉农专业的很少。即使是有涉农专业的职业院校,也没有制订专门针对乡土人才的培养方案,很多江苏职业院校对于如何培育乡土人才、培育什么样的乡土人才等缺少充分的思考,对于培育乡土人才没有合理的规划,甚至还没有培育乡土人才的计划和打算。江苏职业院校由于在培养农村人才方面缺乏经验，在制订针对乡土人才的培养方案时存在一定的困难，不清楚乡土人才需要掌握的职业素质和职业技能。另一方面，江苏职业院校相关专业在制订人才培养方案时，一般需要紧密合作的企业共同参与，共同研讨人才培养方案，而知名的农业类企业较少，能够为职业院校提供的帮助有限，这也在一定程度上限制江苏职业院校制订出科学合理的、面向乡土人才的培养方案。

三、缺少培育乡土人才的师资力量

江苏职业院校的师资力量主要是以专任教师为主，以行业、企业兼职教师为辅，很少有来自农村一线的农科类专业教师。大部分职业院校设在城市，离农村普遍较远，平时职业院校的教师往往很少深入农村进行实践。近年来，江苏职业院校十分注重师资团队建设，不吝用重金引进优秀博士、海内外人才，然而由于农村技术人才学历普遍不高，因此，很难进入职业院校的师资队伍。因为大部分江苏职业院校缺乏农业背景的师资团队，所以在培育乡土人才方面很难发挥高职院校师资的专业优势，在解决农业生产中关键难题时也显得有心无力。多数江苏高职院校缺乏培育乡土人才的师资力量，这已经成为制约江苏高职院校乡土人才培育的主要瓶颈之一。

四、针对乡土人才的培育形式相对单一

现阶段,江苏职业院校培育乡土人才,主要还是以农、学结合的形式为主,利用农民生产之外的时间进行培育,提高农民的职业素养和技能水平。由于农业企业相对规模偏小,并且大部分乡土人才难以实现脱岗培训,因此,很难实现全日制班课培训。订单班、定向班等培育形式普遍受到用人单位的欢迎,但培育的规模很难得到保证。大部分职业院校针对农业企业,一学年可能只开设 1~2 个定向班。另一方面,由于在线教学等网络形式没有普及,因此,乡土人才的培育数量很难得到快速增长。近年来,网络形式的培训课程数量有了明显提高,但对于大部分农民来说,按时上网学习培训,还受到软硬件条件的制约,其学习效果很难保证。总体而言,江苏职业院校培育乡土人才还处在起步阶段,培育形式也处于摸索阶段,培育乡土人才的数量和质量还有待进一步提升。

第二节 培育目标相关瓶颈分析

江苏职业院校乡土人才培育的对象主要是种植或养殖大户、农村专业合作社骨干等职业农民,这类农民普遍缺乏职业素养,文化知识不高、技能水平偏低。培育对象的学情基础比较薄弱,这也是

江苏职业院校培育乡土人才方面存在的主要制约问题。

一、培育对象相对分散

江苏职业院校乡土人才培育的对象分布在农村各个角落，地理位置相对分散，给集中培训造成了一定的难度。江苏职业院校传统的培养对象是学生，学生群体大多在学校住宿，主要任务就是学习，职业院校在安排上课时十分方便，而且便于管理。而乡土人才培育的对象一般需要住在自己家中，甚至由于生产需要而不能定期上课，因此，江苏职业院校乡土人才培育的管理难度大幅增加，很难进行规模化的集中培训。农村人口本身就比较分散，而大部分农民由于各种原因没有培育需求，要在人数上形成一定的培育规模，就显得更为困难。另外，由于培育对象相对分散，选择合适的上课地点和上课规模也成为目前未能解决的难题。培育对象的分散性也使得乡土人才培育的数量很难提升，今后需要借助互联网才能较为有效地解决这一问题。

二、培育对象文化素养普遍不高

江苏职业院校乡土人才培育的对象主要是职业农民，他们学历普遍较低，文化水平不高。而苏南、苏北的职业院校乡土人才培育的对象，素质参差不齐，接受技能培训的能力有别，这也成为影响乡土人才培育效果的一个方面。以农业普查口径统计，2019 年江苏乡村人口占全省总人口数的比重仍然接近60%，乡村人口的学历水平基本是大专以下，文化素养不高，专业知识严重缺乏。这些乡村农业人口在接受培训时，普遍存在理解能力差、接受程度低的问题。如果直接对职业农民进行技术技能培训或者经营管理能力培养，往往会导致其掌握程度较低，培训效果不佳。因此，江苏职业院校乡土人才培育需要先有针对性地提高乡村人口的整体文化水平，在广大乡村人口中选择合适的人群作为培育对象。另一方面，乡土人才培育对象互联网知识缺乏，这对于江苏职业院校通过互联网形式开展乡土人才培育，也造成了一定的困难，为解决这一困境，有必要先对农民普及基本的互联网技术。

三、培育对象求知欲望普遍不强

乡土人才培育对象的求知欲望不强，再加上乡土人才没有评职称、晋升等压力，往往学习主动性较差，这是江苏职业院校有效开展乡土人才培育的制约因素之一。江苏乡村人口中从事农业生产的群体，年龄普遍偏高，基本以50岁以上的中老年人为主，他们一般以自身积累的经验来从事农业生产，较少主动学习农业科技知识。江苏职业院校在进行乡土人才培育时，必须做好前期调研，充分了解培育对象的学习需求，激发他们的求知欲望和发展意愿。乡土人才培育对象是未来乡村振兴的主力，江苏高职院校在培育过程中需要与培育对象共同探讨培育方向，基于培育对象从事的领域和发展规划来制定培育内容，只有这样，才能真正地激发培育对象的求知欲望。另一方面，江苏职业院校在进行乡土人才培育时，要充分挖掘年轻受众，吸引年轻人从事农村农业工作，让这部分人成为乡土人才培育的主要人群。

四、培育对象创新意识普遍缺乏

江苏职业院校乡土人才培育的对象受传统思想影响，习惯于自给自足的小农经济，普遍缺乏创新创业意识。如前文所述，2018年，江苏农村居民人均可支配收入为 20 845 元，同比增长 8.8%，但与江苏城镇居民人均可支配收入 47 200 元相比，仍有较大差距。江苏农村人口普遍缺乏创业资金，没有成熟的技术和先进的管理经验，对做好农业种植等相关产业也缺乏信心和持之以恒的精神，因此，很少有农民愿意全身心投入农业领域，潜心研究农村发展。江苏职业院校在实施乡土人才培育时，不仅需要提升乡土人才的技术技能，更需要培养乡土人才的创新意识和工匠精神，这样就增加了乡土人才培育的难度。江苏职业院校在实施乡土人才培育时，还要与培育对象所在地的产业规划结合起来，使培养起来的乡土人才能够充分发挥带头作用，为乡村振兴贡献力量。

第五章　江苏职业院校重构乡土人才培育体系思路

第一节　职业院校培育乡土人才资质评估

一、国家对乡村振兴的重视

中国共产党在十九大报告中提出，要实施乡村振兴战略，加快推进农业农村现代化。我国一直注重对现代农业产业体系建设和农业科技进步、产业融合等的扶持，强调不仅要进行农村经济建设，还要促进农村政治建设、文化建设、社会建设和生态文明建设，推进农业产业生态化、标准化、品牌化，转变观念，提升乡村生活质量。这也成为乡村振兴的核心和重点。在乡村建设中，人力资源建设在当下又成为各项工作的重心，在乡村振兴中，必须保证人力资源作为第一资源的价值。

2018年，国务院《关于实施乡村振兴战略的意见》指出，加强农村专业人才队伍建设，为乡村振兴培养专业化人才，扶持培养一批乡村工匠、文化能人、非遗传承人等乡土人才。乡土人才在实施乡村振兴战略的总要求下，具备新的使命和任务，国家、地方对其培养也有了新的要求，从资源有效性的角度来看，乡土人才已经成为推进乡村振兴的先行者，他们是在农业和农村经济发展、生态文明建设第一线的特色人才。具体而言，这类特色人才主要包括农业技术人才，从事运输、营销、中介服务行业的农村经纪能人、能工巧匠和农业生产经营带头人等。

2018年11月，《国家职业教育改革实施方案》（又称"职教20条"）获中共中央全面深化改革委员会审议通过，该方案提出，5年到10年中，职业教育基本完成由政府举办为主，向政府统筹管理、社会多元办学的格局转变。这意味着我国将走出过去职业教育与普通教育在政策引导中无显著差异的困境，能够激发行业、企业的办学活力，使职业教育成为培养高素质劳动者和技术技能人才的"类型教育"。同时，政府的职能也从"办"优化为"管理和服务"，目的就在于发挥社会的"全员育人"优势，将原本属于行业的职业教育"还给"行业。归根结底，行业要发展，最重要的是为职业教育培养行业发展最需要的高素质技能型人才。

另一方面，该方案还提到，职业教育的发展，主要是为了服务现代制造业、现代服务业、现代农业、战略新兴产业等领域，同时，高等职业教育应注重在学前教育、护理、养老服务、健康服务、现代服务业等领域的培训与教育。由此可见，职业教育的重要作用，是为行业发展保驾护航，在乡村振兴的视角下，通过职业教育对乡土人才培养，能有效促进我国第一产业的整体高质量发展。

二、江苏职教对乡土人才的培育

为促进一大批高水平职业院校群体和高水平专业群集中呈现、技术技能人才待遇提升等政策落地，《国家职业教育改革实施方案》拟启动实施中国特色高水平高职院校和专业建设计划（简称"双高计划"）。2019年10月24日，教育部、财政部联合发布《关于中国特色高水平高职学校和专业建设计划拟建单位的公示》，按照A档、B档、C档三类划分，全国共立项197个特色高水平高职学校和专业建设计划建设单位。

经统计，江苏省是全国入围"双高计划"的高职院校数量最多的省份，共入围21所，这其中包含江苏农林职业技术学院、江苏农牧科技职业学院、苏州农业职业技术学院等农业型高职院校。以江苏农林职业技术学院为例，该学院由江苏省政府牵头，服务国民经济第一产业——农业，助力乡村振兴，具备政策和行业环境得天独厚的优势，是全省唯一的"定制村干部"培育高校。该学校申报的专业群是"现代农业技术"和"园林技术"，分别服务于国家对农业创新发展的主流引导和江苏省塑造园林省份的建设定位。

江苏农林职业技术学院以"服务三农为宗旨、能力培养为核心，走产学研一体化之路"为办学理念，办学特色十分鲜明。该学院坚持农科教推并举助力乡村振兴，成为全国农业职业院校服务区域农业产业转型升级的领头羊。学院践行"课堂移村口,师生到田头,成果进农户,论文写大地",通过农学结合,创新"农业现代学徒制"的人才培养模式,实施人才定制,培养基层农业技术与管理人才;开展创教结合,深化创新创业教育改革。以上成效,很好地回答了当前职业教育的四个关键问题:为什么要办职业教育?职业教育培养什么人?职业教育为谁培养人?职业教育怎样培养人?在天时、地利、人和的环境下,江苏农林职业技术学院逐步发展成为当前江苏省高职院校中的佼佼者。

以江苏农林职业技术学院为代表,放眼整个江苏省,职业院校教育培训资源丰富,它们以服务地方经济为己任,以产业对接、服务社会为主要手段,开展人才培育工作。当前,如何充分发挥好职业院校在江苏乡土人才培育中的积极作用,根据乡村振兴需求,进行有针对性和目的性的乡土人才培育体系重构,整合资源,与社会培育资源协调,培育优秀的乡土人才,已成为乡村战略实现的基本任务,具备重要的理论和现实意义。

第二节 江苏省乡土人才培育特色

2018年,江苏省政府工作报告提出,要大力实施乡村振兴战略,围绕推进小农户与现代农业发展有机衔接,培育新型经营主体,加快建立城乡统一的人才、土地、科技、资本等要素市场,培养一批能带富、善治理的乡村治理工作带头人。在建设"强富美高"新江苏的进程中,乡村振兴战略和乡土人才培育始终是三农工作的重心。

乡村要振兴,人才是关键要素。江苏省人社厅朱从明副厅长提出,江苏省内乡土人才面广量大,根据初步统计计算,全省的乡土人才共分为49个大类,337个小项,乡土人才从业人员将近一千万。他们奔走在田间地头,活跃在各大行业,是发展"农村草根经济"的"金种子"、带动基层群众致富的"领头雁"。2019年11月,江苏省率先明确在工程职称系列中,增设乡土人才专业职称,并一步到位,将乡土人才职称等级具体分成初级、中级、副高级、正高级四个层次,对应的专业技术名称为助理乡村振兴技艺师、乡村振兴技艺师、副高级乡村振兴技艺师和正高级乡村振兴技艺师。

当前,江苏省在政府层面培育挖掘乡土人才主要呈现政策扶持力度大、典型人才挖掘多、技能培训覆盖广、保障体系运行全的特点。

一、政策扶持力度大

自2017年以来,江苏省多次强调要培养、用好乡土人才,一方面提纲挈领式地提出要拥有掌握绝技绝活的能工巧匠和独门手艺的乡土人才,另一方面强调致富带头人是带动富民的关键,引导"土专家""田秀才"等乡土人才以便发挥更大的示范引领作用。

除此之外,江苏省颁布《省人才工作领导小组关于实施乡土人才"三带"行动计划的意见》，大力培养"三带"人员，为推荐在带领技艺传承、带强产业发展、带动群众致富这"三带"方面综合作用发挥突出的乡土人才提供了强大的政策扶持。江苏省人民政府强调，要提高质效，加强组织的推动作用，强化改革驱动和环境带动，把乡土人才基层队伍建设不仅作为人才项目来抓，还要作为党建工程，甚至是富民工程来抓。在实施这项政策的过程中充分发挥评价导向和激励导向的作用，让广大乡土人才储存的能量在江苏大地得到充分释放。

江苏省政府认为，要实施脱贫攻坚，全面推进乡村振兴，就需要发挥各类乡土人才的独特作用，最大限度把乡土人才的人力资源转化成乡村发展的优势力量，推动江苏乡村全面小康建设。江苏省政府提出：① 要深化认识、提高站位，深刻理解新时代乡土人才发展的重要性和紧迫性，以"五坚持五提升"人才工作体系为统揽，聚焦重点、突破难点，奋力开创新时代乡土人才发展的新局面；② 要加强对乡土人才的政治引领和思想引导，大力弘扬"工匠"精神，引导乡土人才自觉砥砺人品技品艺品；③ 要支持做大做强乡土产业，大力培育现代职业农民，坚持人才链、产业链、创新链联动发展，着力打造一批人才创业集聚地、产业发展集中区；④ 要发展壮大乡土人才队伍，突出带头人和青年人才培育，突出引导能人回流，集聚培养一大批高素质、专业化的乡土人才；⑤要激发乡土人才创新活力，让乡土人才价值彰显、人生出彩；⑥ 要厚植乡土人才成长沃土，打造事业发展平台，优化政府服务，加大资金投入力度，完善社会服务，为乡土人才发展提供多元化金融支持。

二、典型人才挖掘多

近两年来,江苏省注重对乡土人才的孵化与挖掘,强调树立典型。已建立100个省级"乡土人才技能大师工作室",以古建技艺、现代农技、传统工艺等技能为重点,主要选择刺绣、农民画、陶艺、泥塑、印染、彩扎、漆器、剪纸、盆景、雕刻、古建筑、制作古典家具、特种养殖等行业,由掌握了特殊手艺的能工巧匠、拥有一技之长的生产能手或善于开拓创新的经营能人,依托著名企业、高等院校和高技能人才培养示范基地等载体,进行领办或创办。

另一方面,举办乡土人才传统技艺技能大赛,为身藏民间的乡土人才提供展示才华的舞台。这样的技能大赛既可以对拥有绝技绝活的乡土人才进行宣传,让他们走进广大人民的视野,为江苏的乡村振兴提供支持,又可以让不被广泛流传的特殊手艺得到让世人见证的机会。传统技艺技能大赛为乡土人才的进一步培育提供了良好的平台。

朱军成是江苏省扬州市宝应县"乱针绣名师工作室"的负责人,是"宝应绣"的创始人,这位男"绣娘",靠着自己精深的技艺,在丝绸上飞针走线,产出了很多作品,并七次获得中国工艺美术大师作品博览会金奖。2019年2月,江苏省委召开乡土人才高层次人才座谈会,朱军成作为唯一的乡土人才,进行了代表发言。目前,经朱军成的工作室直接辅导的"宝应绣"学员多达1 200余人,其中有多人成为省级工艺美术大师。在朱军成的推动下,宝应乱针绣从原来的家庭小作坊，逐步转型升级，形成产业化、企业化、规模化的效应，现在，宝应乱针绣这个特色产业共拥有刺绣企业40多家、绣娘4 000余人，年销售额上亿元。

姜建新是江苏省镇江丹阳市皇塘镇的一名"草菇大王"，他通过10多年摸索，成功地攻克了江苏省只能在夏、秋两季培植草菇的技术难题。凭借这个成果，他获得国家科技进步二等奖，是江苏获得该项殊荣的首位农民。1996年，姜建新创建了江苏江南生物科技有限公司，主营食药用菌技术研发、菌种繁育、工厂化栽培等，通过"企业+合作社+农户"运行模式开展技术培训和供应菌种、示范推广等，在依靠自有的300亩种植基地外，还带动丹阳市皇塘镇2 000多户农户一起，加入种植食用菌的行业，有效促进了农业增效、农民增收和农业产业结构调整，取得了显著的经济效益与社会效益。

三、技能培训覆盖广

江苏省政府一直注重乡土人才培育工作，计划利用三年时间开展全省各类乡土人才培训400万人，将乡土人才的专业知识更新培训纳入省内专业技术人才的知识更新培训工程，建立乡土人才接受继续教育的学分制度，推动江苏各地出台关于乡土人才继续教育的激励政策。

四、保障体系运行全

江苏全省部分地区激励乡土人才参与创新创业活动,把乡土人才培养、人才创业扶持作为政府部门的主要工作来抓。一方面,通过乡土人才创业项目孵化,提供较大金额的资金扶持,推动建设一批优秀的乡土人才工作室、乡土人才主办企业和"乡土人才+特色产业"小镇(园区);另一方面,大力建设乡土人才资源大数据库,为乡村产业发展提供服务。区域内优秀的乡土人才享受在购房补贴、子女入学等方面,拥有与高层次人才同级别的待遇保障。部分地区成立乡土人才发展专项基金,鼓励金融机构、风险投资者为乡土人才的创新创业活动提供相应支持。还有地区建立党政领导干部点对点联系乡土人才制度,不仅畅通了乡土人才参政议政、建言献策的渠道,也提升了他们参与乡村振兴的积极性。

综合分析江苏省对乡土人才培育的现状,不难发现,目前全省已形成培育、挖掘、孵化、表彰乡土人才的良好氛围,部分地区甚至已形成乡土人才培育孵化的政策体系,对推动江苏省乡村振兴战略起到了很大的推动作用。而在乡土人才融入国家、地方发展战略,通过经营、生产和管理来推动乡村经济文化发展方面,还需要乡土人才在专业知识、职业技能和行业素养方面有所提升,大部分乡土人才仍存在小农意识,在产业发展方面拥有"收入思维"方面的限制,其从业动机、社会责任感方面有待提升。与此同时,相当一部分乡土人才的从业意愿停留在被动参与的状态,需要职业院校参与校企协同、产学研用,将乡土人才的被动参与优化为乡村工匠的主动引领。

目前,大部分乡土人才已成为优秀的"人力资源",却更需要通过树立劳模精神、工匠精神的手段,建立一批优秀的"乡村工匠",这样的举措需要江苏职业院校发挥政行企校的资源整合与强大的专业优势,配合江苏省整体战略做好乡村工匠的培育工作,在从业技能方面完善乡村工匠的培育。

第三节 乡土人才文化素养与职业教育耦合度

每一种职业人才所应该具备的职业素质,都包含三个方面的内容:职业知识、职业技能和职业素养,这三者共同构成职业能力三角形,乡土人才也不例外。乡土人才是专业性、职业性相对较强的人才分工类型,因此,职业能力三角形在他们身上理应体现得更为充分,通过一定的训练和储备,职业院校的培训对象可以获得职业技能的熟练化和职业知识的丰富化,而职业素养的提升,对于期望成为乡土人才的培训对象而言,显得难度较大且周期较长。

笔者认为,期望参与乡村振兴、计划在某一领域有所专长和成就的培训对象,需要重视职业素养方面的提升。成为乡土人才的道路相对漫长,但其中乡土人才的职业素养的形成,离不开基于乡村元素的文化素养提升,因此,期望参与培训的对象需要提升四个方面的文化素养。

一、提升文化敏感度

当历史的痕迹慢慢留在乡村的发展历程中,当民俗的气息渐渐刻在乡村的生活本源里,中国大部分农村地区的人们过着习以为常的生活,但这些特色,原本可以成为当地最有吸引力的文化,这需要准乡土人才的接受培训者们善于发现,形成第一层次的敏感度。

如果自己身处的美丽乡村里,走出一位大国工匠,而这位大师仍坚守在乡村,继续精雕细琢的工艺,或传统手艺的传承,这种典型人物一定需要一个通道,出现在大众的视野中。音乐、电影、戏曲、作品展,这些乡村文化展示平台都能帮助那些典型人物以更加艺术的方式,去帮助观者体味坚守的苦与甜。这些都需要准乡土人才的接受培训者们善于寻找最合适的展示形式,形成第二层次的敏感度:不同的文化要素,如何通过最合理的展示,发挥它的魅力。

文化一旦形成产业,就将面临市场选择,同时也需要开发其更广阔的市场。大众对于特色文化的喜好有所不同,因此,对文化要素的观赏和体验需求也存在差异,还有部分大众的参与度随时发生改变,市场中的要素千变万化,如何使当地优秀的乡村文化找到更多能理解并认可的人们,是准乡土人才的接受培训者们面临的新课题,这形成了第三层次的敏感度:我们的特色文化,是如何定义它的受众,又是如何以大众的方式传播给受众的呢?

二、提升文化营销意识

准乡土人才的受训者的日常行为,与经济活动联系密切,他们懂得借助文化来形成文化产业,进而巩固优秀的当地文化。文化的营销意识,是准乡土人才的培训者将可供展示的优秀乡村文化与经济活动连接起来的能力,从狭义上说,这种能力能够帮助优秀的乡村文化更好地展示在世界面前,从广义上说,这种能力带领小众的乡村文化进入更为广阔的天地,接受更多挑战和滋养,进而形成更有独特性和传承性的文化。

文化营销意识的第一个层次是推介意识。优秀的乡村文化往往存在曲高和寡的可能性,大众对于文化产业和文化产物的理解,大多停留在感性的认知层面,因此,对深层次的文化理解需求并不旺盛,这就要求准乡土人才的受训者利用自己的优势,做好乡村文化和普罗大众的沟通桥梁,将优秀的乡村文化以更被大众接受的方式,传递到更多的受众那里,抓住每一次推介的机遇,让乡村文化大有可为。

文化营销意识的第二个层次是经营意识。在美丽乡村建设中,尽可能还原乡土文化本来的面目,可能是文化展示者们非常注重的能力。乡村文化的经营意识,是准乡土人才的受训者不断发现优秀乡村文化的闪光点,在推介意识实现充分展示的基础上,引起乡村文化受众对乡村文化本身的精神共鸣,以乡村文化为基础,传导更多正面的价值观,并做好乡村文化载体本身的保护与传承。

三、提升文化边界感

文化边界感是准乡土人才的受训者在发展乡村文化产业时需要特别强调的素养与能力,这源于文化产业的发展,与文化本身的巨大联动性,从而要求从事文化产业的人必须具备不同文化之间的独立性和文化开发的适度问题两种类型的边界感,利用乡村特色文化振兴农村是一件造福百姓的事情,在边界感的指导下,乡村文化振兴将显得更加有意义。

当不同文化面临在相同个体或群体中同时作用时,人们会反思不同文化之间发生冲击的地方,从而寻找能够使文化共存,或者文化选择的途径。准乡土人才的受训者在多种文化并存的空间内,必须时刻保留每一种文化的鲜明个性,同时为不同文化选择最合适的接受个体或群体,减少文化相互冲击产生的文化负面影响,这是文化边界感的第一境界。

文化边界感的第二境界是懂得处理好文化振兴与经济振兴之间的关系。农村地区尤其需要物质文明同精神文明一起发展,共同繁荣,返乡创业无疑为乡村地区的物质文明建设提供了重要选择,而文化产业的兴起,将在精神文明建设中提供支持,这就需要准乡土人才的受训者在文化的艺术性和生活的真实性方面实现权衡,尽可能实现乡村文化产业的主要目标是以乡村产业为手段来繁荣乡村文化,而不是以乡村文化为手段来振兴乡村产业。

四、提升文化自信心

能够从事文化产业，利用乡村生产生活中优秀的特色文化的准乡土人才的受训者，容易在产业形成后，进入对文化本身相对无意识的状态，这在一定程度上导致他们对文化自信心的理解，从文化的精神内涵向物质层面转移，简单地说，就是认为文化的物质价值超越了精神价值，使得他们的文化自信的本心发生了转移。

当然，在乡村发展文化产业，首先是要尊重、喜爱、认可、崇敬当地的优秀传统文化，对乡村文化及其载体始终保持一颗相对真实的内心。这种素质，能够让准乡土人才的受训者们在从事文化产业的相关活动时，将自身建设成为乡村文化的优秀彰显，当他们提到那些特色乡村文化时，心里涌现的始终是自豪与推崇，那是文化自信心最起码的要求。

另外，就是准乡土人才的受训者要时刻记住文化自信心建立的方式，绝不是通过物质来体现的，优秀的乡村文化，最终形成的是一个地域的特殊价值观，或者是人们为之奋斗的精神动力，抑或是很难被复制的文化及其载体的创造方式，当它们和商业挂钩，其价值往往可以和经济价值实现等同，这让更多的准乡土人才的受训者以为文化的价值就应该用金钱来衡量。如果农民们发现自己对于文化的自信心是通过货币来衡量的，那么这种文化自信心的方向就应该有所调整，使其成为他们自己可以支配的精神层面的、正确的文化自信心。

第四节　江苏职业院校重构乡土人才培育体系新思维

本研究根据当前江苏省在乡土人才培育过程中存在的收入思维、发展意愿和从业技能三个方面的主要问题，结合江苏职业院校在专业发展、社会服务方面的优势，拟提出江苏职业院校在培育乡土人才方面三个层次的重构对策。

一、引入职业素养要素，培育收入思维

我国农村地区的经济发展仍然以家庭为主要从业单位，家庭经营是乡土人才的主要从业手段。目前，乡土人才在家庭经营的思维影响下，在创造价值的视角上具有相对狭隘的收入思维，即乡土人才的主要奋斗目标是满足家庭生活需要。当然，目前在乡土人才的经营意识扭转障碍较大的前提下，可以考虑将现代农业要素融入乡土人才的家庭经营中，一方面提升家庭经营的成就和品质，另一方面使得乡土人才在家庭经营中感受现代农业要素与乡村振兴更多的空间。

1. 从业动机

借助职业院校的大学生暑期社会实践，成立与乡村振兴、国家

发展等主题相关的宣讲团,通过对宣讲团队员进行职业院校层面的培训,同时指导团队成员备课与自我学习,深入江苏各县市具有乡土人才培育潜力的地区有针对性地进行宣讲,目的是让乡村能人义士在宣讲中接受教育,逐渐形成良好的从业动机,能够在理解中探索到家庭经营的目标与乡村振兴的目标同频共振的诉求。

2. 价值增长点

利用江苏各地政府实施精准扶贫、助力乡村经济的政策导向,与政府部门进行合作,利用职业院校教师和科研人员在乡村振兴学术方面的成果与经验,联合政府的力量深入乡村进行乡土人才的指导与服务,将乡村振兴过程中有关手工艺品产业集成、旅游休闲业打造、乡村工匠师资队伍建设等方式进行整合,引导乡村工匠了解现代农业发展的价值增长点,为他们的经营活动提供更大的增长空间,同时也能够激励他们反哺乡村振兴。

3. 社会责任感

家庭经营使得乡土人才将主要精力专注于家庭兴衰,而较少关注到其肩负的社会责任,职业院校拥有管理学大类的课程,可以通过对返乡创业的准乡土人才的受训者进行培训的手段或途径,辐射至乡土人才及其周边,将国家建设、社会进步、乡村振兴与个人发展紧密结合起来,并经由培训,使国家建设、社会进步、乡村振兴普遍走进和普及乡土人才的视野,带动乡土人才在社会意识和社会责任层面大力提升,并将之化作行动。

二、开展产业协同创新,培育发展意愿

目前,由于传统观点对农村地区及农民职业的思维定式,准乡土人才的受训者和乡土人才都希望在农村从业成为较为体面的事情,增加农业现代化发展对高校毕业生、社会劳动力资源的吸引力,帮助他们成为专业化、职业化的人才。根据对江苏省职业院校现有发展思路的调研,本研究建议从产业融合、人才扶持和协同创新三个方面对乡土人才的职业发展意愿进行优化。

1. 产业融合

高校的职能包括人才培养、科学研究、社会服务和国际交流等,每一个环节都需要整合融入行业一线的知识内容和思维模式,实现职业院校的专业发展、师生的职业发展、乡土人才的事业发展和校企双方的合作发展往往成为职业院校必须同时完成的目标。职业院校拥有一定的师资力量和培训经验,与此同时,其合作的行业企业具备项目打造、战略设计和塑造核心竞争力的优势,因此,借助职业院校在产学研用方面的优势,发挥校企合作的能动性,实现校企合作方案与当地农村经济发展对接,能够对乡土人才的职业发展意愿进行前瞻性的开拓。

2. 人才扶持

通过建立职业院校专家、客座教授和行业讲师的资源库,聘请

乡村工匠进入职业院校，通过与乡村合作，探索现代学徒制的另一突破口。乡村工匠进入学校，不仅能够满足家庭经营在收入思维方面的需求，还能够为乡村工匠精湛的技艺提供广泛传承的空间，乡村工匠与职业院校学生以师徒形式进行对接，以讲座、实训环节、选修课等方式有机整合进人才培养方案，这样，就能够帮助专业发展实现乡土人力资源方面的战略储备，同时在职业院校形成乡土人才的基础人才储备。

3. 协同创新

职业院校在战略布局方面，可以通过适当与当地乡村进行交流，依托党建共建、青年志愿服务输出、专业技能培训、项目共同开发等手段，在乡村工匠擅长的领域开设通道，学校和乡村共同商讨乡村工匠所从事领域及其成果在商业方面推广的可行性与竞争性，借助高校对接的政府、行业、企业和社会资源，为地区的乡村振兴提供整体协同的帮助。

三、拓展文化产业职能，培育从业技能

立足乡土人才在手工艺品行业、旅游业、生产性服务业等多方面的技能优势，职业院校可设置服务意识、职业道德、文化理想三个方面的培训内容，有针对性地提升乡土人才创办文化企业的综合能力。一般的人员培训中，职业素养的内容设置与日常经营活动距离较远，而在文化产业的运营中，从业者职业素养的运用无处不

在,这也是对乡土人才而言,相对实用的知识模块之一。

1. 服务意识

文化产业从我国的产业结构角度来讲,归根结底属于服务行业,尤其是文化型企业,主要的经营范围就是提供文化传承者和文化体验者之间的对接服务。尤其是站在文化体验的角度,思考什么样的文化服务内容是消费者最希望获得的,什么样的文化服务方式是消费者最可能满意的,什么样的文化内涵是消费者最可能传播的,在后续的服务中应当怎样优化服务质量以让顾客产生二次体验的欲望……这些都是服务意识培训部分,是乡土人才需要特别学习的。

2. 职业道德

由于文化产业提供的是乡村特色的文化产品和服务,因此,诚信经营成为文化企业的创办者们最需要思考并实践的问题。文化体验者们在人生地不熟的地方感受另类的乡村文化,不确定的感觉可能导致其行为言语相对谨慎,此时乡土人才在提升服务质量的基础上,落实好其职业道德的建设,往往能够增加顾客的信任感,这种信任感同时也是口碑营销和再次体验的前提。很多文化类企业由于不注重从业者的职业道德和操守建设而导致企业举步维艰,就足以证明职业道德在文化类企业中应当具备的重要地位。

3. 文化理想

从创办文化企业开始，乡土人才也需要刻意将自身建设成为一个相对文艺的企业家，这是根据他们从事文化产业的初心来说的。从事文化产业并不是乡土人才的最终目的，这是江苏职业院校在培训中需要反复强调的一点。文化的最终目的是影响人的思想和价值及行为，给体验者以独特的感悟，因此，具备文化理想的乡土人才或农民企业家，往往有机会将企业向更远的道路上引领，用乡村特色文化来构建企业文化，用企业精神反哺乡村文化，形成乡村文化的双向沟通机制，这是乡土人才在文化理想层面应当发挥的重要作用。

很明显，乡土人才的培育是一个长期而艰巨的过程，当前，江苏省已经首创了乡土人才职称评聘制度，使得乡土人才不仅有实力、有能力为社会造福，还能够通过获得一定的专业技术职务，为人才培养做贡献。这值得我们反思，职业教育在乡土人才的培育方面，是否需要将目光和思路回归到职业教育本身，甚至是职业教育的雏形，重新思考乡土人才在职业教育中的作用。

回溯职业教育的起源，资本主义在手工业时代，无论是重工业还是轻工业，其产品均出自从业者的双手。养马的人需要给马穿上耐磨的"鞋子"，于是有了只需看一眼马儿跑起来扬起的马蹄就能准确打出合脚马蹄铁的铁匠；冬天人们走在路上需要做事，手太冷却没有东西遮挡寒风，于是有了只需要一个晚上就缝制出一双皮手套的裁缝。手工业者们用双手为人们的不同需求提供不同产品，而手工业者自己也因为有能力提供这些产品，便有了养活自己的手艺。用现在的话来讲，手艺给了手工业者职业。

需要马蹄铁和皮手套的人越来越多，手工业者依靠双手来制造这些产品以满足所有人需求的能力变得越来越有限，"只要功夫深，铁杵磨成针"这句话讲的重点，毕竟是坚持不懈，而不是提高效率。于是，手工业者想到了招收一些学徒，一方面，手艺人通过传授打铁技艺和缝纫技艺给更多的年轻人，让年轻的学徒为自己创造更多的产品，满足人们的需求，也为自己创造更多的收益；另一方面，那些学徒本身也需要学到一些技能，让自己的余生不至于受冻挨饿、无所事事。

于是，"师傅带徒弟"顺理成章成了手工业时代的行业现象，而这也成了职业教育的雏形。

人口越来越多，工作与生活中需要的产品种类和数量也变得越来越多，于是手工业者的生产效率变得越来越无法满足这些需求（当然，瓦特发明蒸汽机后，机器取代手工，成为生产的主要方式，这都是后话），于是，这个社会就需要更多掌握这些技能的人来指导更多的人完成技能的学习，以创造更大量的产品；与之相对，越来越多的人不知道自己的生活如何维系，所以务必学到一门手艺。于是，在教育部门的指导下，职业教育开始进入学校，以"批量教学"的方式，形成了现代的职业教育。

我们将目光重新聚焦到乡土人才的培育上来，江苏职业教育在乡土人才这种特殊类型人才的培育中，是否可以重新启动"师傅带徒弟"给定职业的方式，以乡土人才孵化乡土人才，是未来江苏职业院校在重构乡土人才培育体系中，值得尝试的探索。

第六章 江苏职业院校重构乡土人才培育体系对策建议

随着乡村振兴战略的持续推进,乡土人才在乡村产业,尤其是新兴农业产业方面发挥出越来越不可忽视的重要作用,同时,乡土人才带动了乡村文化发展,推进了乡风文明的优化,在配合管理、智慧乡村社区建设方面,也成为乡村振兴的重要推进力量。江苏省农业现代化水平较高,城乡一体化推进速度较快,因此,乡土人才的培育和人才体系建设,是江苏乡村振兴战略落实中的重要环节。乡土人才的培育不同于普通人才培育,带有很强的职业特性,同时又带有很明显的地域性和实效性。江苏职业院校众多,职业院校面向社会实用人才的定位和使命,要求职业院校在乡土人才培育中转变角色,勇挑重担,主动出击,改变人才培育的思路和模式,制定乡土人才培育体系的新标准和新要求。

第一节　江苏职业院校乡土人才培育创新发展策略

职业院校应该立足乡土人才的岗位特点,同时将乡土人才的后备力量和潜在加入者纳入其中,不仅仅停留在为产业培养技能人才,而同时要将乡村环境优化、乡村文明建设、乡村家庭扶贫等因素融合在一起,让乡土人才孵化发挥更加长远的作用。乡村发展中存在的尖锐问题就是乡村空心化问题,乡村劳动力仍然多数由老年人承担,江苏地区大多数乡村建设逐步由雇佣的职业农民完成,但这些职业农民又多是临时性的,他们往往严重缺乏对劳动的科学态度、合理要求和专业认知。同时,大量留守儿童往往未接受系统的教育,对乡村产业发展和乡村前景漠视,而女性村民务工的愿望强烈,但往往未得到必要的关注和心理调节、疏导,这些也使乡村振兴损失了原本结构合理、愿望强烈的乡土人才。

一、乡土人才培育分阶段进行

乡土人才培育必须深入农业生产各环节中,并逐渐覆盖到乡村留守儿童,提高现有劳动力的工作效率,普及先进的电子商务营销手段和思路,从乡土人才的政治素质、信息接受、理解能力和示范渠道等各个方面提升乡土人才的劳动素质,拓展乡土人才后备人才队伍建设。

乡土人才的"乡土",是指人才所在的领域和特长。随着乡村战略的逐步推进,人们逐渐认识到"绿水青山就是金山银山",除了优美和原生态的大自然赋予的各类资源之外,与整日处于高节奏工作、生活之中的人们的健康,与子孙后代息息相关的粮食、食品安全等,也走入人们的视野。乡土人才的培育不是按照原先的招生渠道和学历培训能够解决的,而是首先必须发现人才。乡土人才并非"招生"而来,而是散落民间,游历在传统的培训体系之外。因此,首先要发现人才,要根据江苏乡村发展的不同阶段、经济发展特质、产业增长特色和亟待解决的问题,对乡土人才进行有目的的探寻和主动孵化。

找到乡土人才继续提升的领域和场所,就要对乡土人才的构成和岗位发展前景进行充分分析。农业产业已经逐步走出了单一种植或养殖的模式,多元化、三产融合发展让农业产业走入了规模化、生态化和可持续化之路。新的产业发展需求要求职业院校充分根据不同季节、农忙和农闲的特点、产业发展的瓶颈进行乡土人才的孵化,尤其是对一些没有认识到自己能力、对职业规划没有思路的人员,进行有目标、分阶段的培育,培育出乡村产业发展和脱贫致富的能人志士和能工巧匠。职业院校借助假期,利用网络平台与载体、手机App等多种手段,送课到家,量身定制,并采取人才负责制度,统筹政治培训、思想培训、技能培训、心理培训、习惯引导、法制培训、金融知识普及等多种培训内容,同时,让职业教育的教师角色多元化,成为推进乡土人才教育的最主要动力。

江苏职业院校对乡土人才的培育必须得到及时反馈，才能更好地改进和修正培育工作。现有的很多职业院校的职业培训只是集中在阶段性授课方面，至于人才对于所培训知识的吸收程度和培育的效果，这类培训很少涉及。农业产业的滞后性特点让乡土人才的培育结果检验成为难题。但是随着互联网技术和平台的使用与植入，人才培育效果检验已经不是问题。互联网能够迅速对农业产品的预售或销售、对农业文化传播效果进行评价和反馈。因此，在职业院校对乡土人才培育后期，应该不断完善乡土人才评价体系，重视乡土人才、支持乡土人才、服务乡土人才等工作是职业院校教育培训各阶段都应该充分保障的。

二、乡土人才培育分层次进行

充分发挥职业院校人才培育的经验和优势，借助合作项目、课题研究、应用推广及课程共享等方式，充分与各类校外机构合作，在江苏原有的职业教育，尤其是农业职业教育的基础上，将职业教育课堂和职教中心拓展到各个乡镇、社区及各类技能训练机构等领域，从乡土人才的生产、生活、学习等各个方面打造新型培训体系。

职业院校有必要将职业培育机构由原来的"养在深闺"拓展到各级乡村内部，采取职业教育中心定期培训的方式，满足农闲时期当地居民对技术学习和对日常技能的需求，推进高职教育与当地普通中学毕业证书相结合的方式，借助职业院校与普通高中等办学机构，加大培育力度，拓展培育领域，并积极引导乡村传统劳动力向新兴产业融合，以及向新兴创业领域转移。

职业院校还要与乡村管理人员及乡村社区管理结构合作。职业院校的教育必须面向最基层的乡土人才，才能做到从根本上逐渐提升乡土人才素质，对乡土人才培育起到潜移默化的"蚕食"效果。采取人才入库的方法，对培训过的乡土人才技能进行评估，提供证书，并对乡土人才进行后续提升培训，采用给予积分的形式，提升乡土人才通过培训实际取得的实用技能。

职业院校还有必要对乡土人才的职业技能培训进行细分，改变视乡土人才为种地人才的传统观念，将乡村的具体环境和经济发展阶段紧密结合，将乡土人才与电子商务无缝对接，将乡村脱贫的主要目标与人才孵化紧密结合，将简单的人才培养模式分成改善观念、培育电商技能、适应新媒体新需求、培育农业管理人才等多种层次类型，实施并推行有规划、有目标的创新培育理念，主动适应市场化需求，让新的理念落地生根，蓬勃发展。在职业院校对乡土人才基本培训结束之后，引导乡土人才找到新的岗位契合点，植入规模化、集约化的理念，促进乡土人才携手合作、合伙创业。

三、乡土人才培育准确定位

乡土人才最大的特点是，其就业的领域和目标是为了乡村振兴与发展，针对熟悉乡村特点，了解农业产业规律，热爱乡村的特殊群体所进行的精准培育。乡土人才的培训对象很多是种植或养殖人员、手工艺工匠、留守人员、乡村女性等，人员构成相对复杂，学历层次较多，人才的文化水平参差不齐，从事领域多种多样。因此，职业院校对乡土人才的培育不能采用广泛铺开的方式，而是应该精准定位、有的放矢，这是提升和打造优秀乡土人才，带动乡村经济发展和社会进步的重要步骤。

职业院校应该走进乡村，不再采取单纯的定时定点培训的方式，而是首先要充分了解乡村情况，根据乡土人才的复杂性、多层次性和多领域性特点，采用项目化的方式，组织乡土人才到技能应用突出的地区参观学习，开阔眼界，引导人才创新，立足乡村特色和发展优势，充分认识和挖掘现代信息技术手段，熟悉市场，避免盲目跟风，围绕现代农业产业发展的新趋势、新形式和新方向，找到乡土人才自身的定位。

乡土人才想要发挥自己的力量，仅靠单打独斗、富裕一家，并不能有效推动整个乡村的发展。江苏乡村往往历史悠久，乡村资源丰富，主导产业不断发生变化，乡土人才必须找准方向，立足村落发展优势，与当地种植或养殖大户、农业经纪人、创业带头人等合作，才能提高创业成功的概率。各个村落有留守的妇女和失业青年、返乡人才，职业院校应该对其进行积极引导，将人才进行细分，按照从业经验、个人特长、受教育程度、性格特点等进行区别对待、分别培育。对于女性，要根据其家庭特点，能够接受培训和从事农业产业生产的时间与技能，从事农业生产的时间和偏好特长，等等，分门别类地在不同行业进行职业培育，将乡村文明和智慧化发展的相关培训内容嵌入对女性与老人的培训之中，注重发挥女性和老人在乡风建设、儿童教育、创业能力等方面的重要作用。

对于江苏而言，乡村基础设施相对完善，信息技术普及程度相对较高，职业院校在开展乡土人才培育的过程中，应该充分重视电子商务在现代乡村产业发展中的重要作用，可以成立电子商务孵化工作站，对电子商务经营的基本步骤、实施途径和推广思路及方法进行专门的孵化，做到对乡土人才培育定位准确，保障乡土人才培育的效果。

第二节　江苏职业院校乡土人才培育体制机制优化策略

在乡土人才的培育过程中，江苏职业院校在乡土人才培训的力度和广度方面都已经迈出了显著的步伐，但是，对乡土人才的孵化需要循序渐进，要针对乡村农业产业和乡村建设的不同阶段与步骤，进行可持续的和专业的培育。江苏职业院校对乡土人才的培育除了培训种植或养殖技能之外，文化产业培育和从业技能培育显得尤为重要。

一、重视保障功能，形成一套专门针对乡土人才的培育机制

江苏职业院校在人才培育方面资源丰富，但是真正接地气、送

服务到门的人才培训还没有全面展开，学校教师日常要承担大量的全日制教育课程工作，课余还有大量的科研任务等待着他们，这种相对固定的时间安排，使得职业院校教师无法为乡土人才的培育心无旁骛地保驾护航。职业院校首先应该转变思路，深入落实职业院校的社会服务定位，采取项目式、课题式等多种形式，成立与乡村对接的工作室，培育项目任务采取灵活多样的形式，借助周末和节假日进行，并计入课时，对接国家乡村振兴策略。乡土人才的培育和孵化涉及不同的主体与环境，学校开发乡土人才资源需要各方开发主体的通力合作，需要联合学校、教师、村委、专业合作社、社区管理部门等多主体，借助各类农业培训的资源，紧紧围绕现代农业与其他产业融合的思路，找到不同村落产业发展的关键要素，联合起来开展乡土人才培养工作。

乡土人才培育的体制还包括乡土人才的成果展示、推广、应用和奖励等内容。技能和创新的全面实施与示范推广，是乡土人才带动产业发展的重要推手，在对重点产业的乡土人才进行培育之后，应该有专门的示范推广、成果保护、成果鉴定、专利申请等方面的保障和推进制度，帮助乡土人才在更大范围内"传帮带""结对子"，将培育成果与新思想、新技能最大限度地推广和示范，才能为后续乡土人才培育搭好梯子，保障乡土人才培育有序进行。

多年来乡村产业的发展依靠乡土人才的带动力量而实现，各个乡村的带头人、创新创业的领头人和尝试者是乡村发展与村民积极性改善的重要组成部分。在精准扶贫的大背景下，乡土人才的各项事业取得蓬勃发展，乡土人才是乡村振兴领域就业创业的领头雁，乡土人才更是乡村文明和文化发展的重要推动者与传承人。江苏乡村建设走在全国前列，管理手段先进，国家级先进文明村较多，如何多管齐下，配以先进有效的乡土人才培育通道，建立乡土人才引进和扶持的财务制度，优化灵活多样的鼓励和激励机制，成为推进江苏乡村振兴的关键。

二、把握辩证关系，提高对乡土人才的政策精度

乡土人才来源于乡土，根植于乡土，人才施展的空间也是乡土，乡土本身兼具文化性、历史性、落后性及产业滞后性等特点，而乡村振兴战略让原汁原味的乡村展现在消费者面前，带来了新产业、新机遇。乡土人才的培育，要牢牢把握原汁原味与创新发展的辩证关系，把人才培育的眼光放到整个乡村发展和社会进步的高度上来，重视土地、金融等因素在乡土人才培育中的重要作用。只有土地承包流转灵活有效，保障村民利益，金融制度贴近农业生产，转变抵押制度观念，才能更好地发挥乡土人才的作用。土地承包流转对于乡村旅游、民宿、乡村教育、农产品经营等各个行业都有巨大的影响，因此，人社、财政、农业、工商、金融等多部门应该互相沟通，在体制方面，为乡村农业产业和乡土人才的发展打通道路。

目前，江苏省处于乡村振兴战略实施的关键阶段，乡土人才培育最直接的目标就是促成就业创业，提升村民收入，引领乡村产业生态化、可持续化、现代化发展。因此，在人才扶持方面，使所培

养的乡土人才有用武之地，应该始终是江苏职业院校乡土人才培育的宗旨。村委会牵头支持建设诸如扶贫、创业和示范性质的新兴产业创业基地，拓展发展空间，同时也为乡土人才培育提供实践场所，对于没有条件的地区，田间地头、民间手工艺展示地等，都可以成为乡土人才培育的实习场所。对于电子商务与农业产业的融合，江苏职业院校应该配合各级地方政府，协助乡土人才根据需求建立适度的直播间、快递对接站点，以及建立县级、乡镇一级和村级水果等农产品无公害鉴定中心等，为无公害农产品建立良好口碑并广开销路。

三、注重文化资源，加大对乡土人才的创新素养培育

我国的乡村建设经历了几个阶段，经历过迅速发展之后曾经一度出现停滞局面。原因就在于一些地方政府只把目光放在收入和效益方面，将不适合在城市发展的高污染、高耗能企业或项目引入乡村，在使乡村迅速致富的同时，给乡村带来了村容村貌的毁坏，给乡村居民后代的生存带来了巨大的影响，这些企业或项目不仅污染了环境，还污染了乡民们世世代代的"乡愁"。这次国家乡村振兴策略和之前完全不同，提出"产业兴旺、生态宜居、乡风文明、治理有效、生活富裕"总方针，囊括了乡村发展和进步的方方面面，要通过乡村产业发展，让乡村社会进步和乡村治理走上正轨，回归绿水青山，还中国人民以健康、美丽的乡愁。

江苏职业院校在培育乡土人才的过程中，要强调乡村产业融

合，而产业融合要求农业产业转变观念，融入文化、旅游、消费等要素，从多元化入手，注重农业产业文化要素的植入，借助互联网平台或工具，打造农业产业新兴业态品牌，在乡土人才孵化的过程中，重视农产品的品牌、创意、消费体验和消费需求等多方面要素，从源头上高瞻远瞩，有利于乡土人才就业后整个产业形成健康发展理念，推进生态循环。江苏乡村休闲农业虽然已具备一定的发展空间，但要想形成完善的市场体系还需要多方面的共同努力。从管理学的角度来看，要促进江苏周边村镇休闲农业市场的良性发展，江苏职业院校辅助各级地方政府必须制定和规范统一的行业标准及制定一些扶持政策以帮助乡土人才引导农民创业，真正做到帮民、扶民、爱民、惠民，调动大家共同走向美好生活的积极性，促进各地休闲农业的可持续性发展。乡土人才培育只有扎根于现代文化产业与传统农业的契合，才能推进农业产业向现代化、智慧化发展。

第三节　江苏职业院校乡土人才培育嵌入式策略

人才培育能转化实用，能示范引领，能见到效果，这是乡土人才培育的独特要求。江苏职业院校要提高乡土人才的培育质量，必须嵌入国家乡村振兴策略的五个方面，即产业兴旺、生态宜居、乡风文明、治理有效、生活富裕来进行考核，将乡村振兴和产业品牌建设、人才孵化、绿色环保评估紧密结合，设立乡土人才培育的专项扶持和基金管理制度，人才培育成体系，分阶段评估和验收，从而发挥乡土人才的重要作用。目前，江苏乡土人才因其接地气、有实效而受到人们越来越多的关注，但是江苏职业院校乡土人才培育组织分散，缺乏归档，各级农业、文化、人社等部门重复工作，缺少统筹规划，虽然各级政府部门投入较大力量，但是没有形成合力，因此，乡土人才培育的效果不凸显。

一、"产业兴旺"方面，强化乡土人才的从业技能和专业前瞻性

乡村农业产业尤其应借助文化和历史元素，与第二、第三产业充分融合，这是带动乡村振兴并贯穿于乡村振兴始终的重要环节，也是乡土人才发挥作用的最关键的前沿阵地。随着社会生产力的高度发展，人们的收入水平也在不断提高，因此，在闲暇之际，回归乡野，感受原生态，亲近大自然成为人们的主要选择。新的消费热点创造新的机遇，在"产业兴旺"方面，应该将旅游资源与乡土文化深度融合。传统的"农家乐＋观光旅游"形式的乡村休闲农业产品已逐渐满足不了现代人的需求，"田园综合体"这种新兴的跨产业、多功能、多业态的开发模式逐渐成为城乡一体化建设新的亮点。江苏产业融合需要完善。要想经营和开拓休闲农业市场，发展休闲农业产业，企业必须融合科技元素，科技不能代替创意，却能催生和完善创意。因此，借助科技元素，将科技与文化等农业产业

基础相互融合，共同发展，是打造江苏休闲农业统一的保障。江苏休闲农业应该以信息化、智能化为主要途径，提高服务效率，将科技融会到满足消费者的个性化需求、满足企业的便捷运营、满足休闲农业企业的科学管理等各个领域，促进休闲农业产业信息资源共享。所以江苏职业院校在对乡土人才培育时应该重视现代科技元素。

　　江苏职业院校让乡土人才插上科技的翅膀，融合现代科技，能够让古老的江苏乡村文明发挥出乡村更大的魅力。借助现代智慧农业种植或养殖技术，节水节能，环保再利用，能够最大限度地发挥乡村资源，增加农业产业的产出，同时为消费者提供观摩农业生产过程的窗口。借助智能化服务体系，江苏乡村休闲产业的接待量大大提升、服务定位更加准确，让消费者更加轻松、更加直接、更加远程和便捷地接受旅游服务信息，提升旅游体验。借助现代化的营销平台和电子商务技术，休闲旅游市场的量身定制变得唾手可得，乡土人才可以更好地优化休闲旅游的生产、消费和售后全过程。融入科技元素，可以让江苏休闲农业实现透彻感知。透彻感知好像一只无形的手，在休闲产业景区、农庄、公园等遍布智能数据收集和探测点，能够用最短的时间，将客户满意度和客户需求迅速回传，整个产业在筹备、运作、服务、维护和反馈方面的信息都可以被收集和整理，在大数据分析的结果辅助下，更加及时、精准地解决旅游中的各种问题，以及实现环境检测、农药检测、游客文明检测和消费指导、特殊需求呼叫等。借助这种数据收集，将江苏各个地区的休闲农业园区整合成一个大系统，形成关于江苏全省境内休闲农业的全面影响，把握江苏休闲农业产业的企业运作信息，以便管理机构及时做出决策并采取适当措施，实现乡村振兴战略中的产业兴旺目标。

乡土人才从事的岗位多为休闲农业产业，而江苏休闲农业产业历史较长，其服务质量及服务标准参差不齐，很多农家乐经营场所卫生条件达不到游客的期望值，由于其为自主经营，因此许多服务人员的受教育程度不高，服务人员的服务方式达不到城市酒店的标准，导致回头客不多。因此，江苏可以将民宿及房车露营等专业性较强的项目外包给专业的企业代为运营，既能保障村民的收入，又可以保障服务质量和游客体验度，逐步采取"企业+农户+团建"的多元化经营方式，促进乡村休闲农业发展体系向现代化不断迈进。在实现乡村振兴战略中的产业兴旺这一目标过程中，将当地龙头企业作为田园综合体发展的中坚力量，把休闲农业发展作为农户致富的核心途径，通过企业品牌化、规模化、标准化的服务，吸引更多的客流，并通过服务来积累忠诚客户群，不断发展新客户，江苏职业院校可以在培育乡土人才的过程中提供企业培训，提升服务人员素质，使乡村休闲农业能够可持续发展。

二、"生态宜居"方面，重视乡土人才的生态主体意识和环境治理能力培育

乡村振兴的关键就是"生态宜居"，"生态宜居"涉及乡村基础设施投放、建筑设计、厕所改造、景观生态、污水排放、垃圾分

类、废弃物处理等各个方面，需要大量熟悉乡村、扎根乡村基层、具备生态主体意识的乡土人才。从实现生态宜居的视角来看，职业院校乡土人才的培育应该强调环境治理能力的提升。江苏大部分地区的乡村环境已经进行了景观建设方面的环境整治，居住环境得到了显著的优化。未来要实现乡村自然资本的增值，让绿水青山成为居民安居乐业的依靠，同时促进乡村振兴战略各个内容的良性互动，职业院校培育的乡土人才需要形成耕地污染防治、垃圾分类处理、循环农业、山水林田湖草生态保护系统综合治理等方面的治理思维和方法。

第一，耕地污染防治技能方面的乡土人才培育。伴随农业现代化发展，耕地的科学使用和长效治理显得越来越重要，为了减少因现代化的机械推广、大规模的农药防虫而带来的耕地污染，农业农村部提出了"一控两减三基本"的要求，现有耕地污染治理人员主要为专业的博士、技术人员和农业科技研究所人员，虽然能够指导污染防治，但是污染的具体治理和实践仍然存在人才短板。江苏是农业大省，不同区域农业发展水平差别很大，耕地污染的程度、种类、范围千差万别，对乡村产业、生活环境的影响也是多方面、深层次的，因此，职业院校在对乡土人才培育方面，必须锁定农业种植养殖人员、经纪人、销售人员和社区管理、农药采购、土地流转等多个岗位，聚焦耕地污染的现状和基本治理原则、方法与思维培育。

第二，乡村垃圾分类技能和管理技能方面的乡土人才培育。和城市相比，乡村垃圾除了生活垃圾外，还包括畜禽粪污垃圾、农药垃圾、养殖废弃物、秸秆垃圾等，在垃圾分类处理方面，需要的是切实有效的引导、宣传和方法指导。职业院校在乡土人才培育的过程中，应该拓展人才培育的领域和覆盖面，重视村委会管理人员的垃圾分类处理管理水平培育，聚焦种植或养殖大户等乡村有影响力的乡土人才的垃圾分类观念和示范方法培育，根据各个地区乡村现有的垃圾分类处理习惯和生产实践，进行有的放矢的宣传，同时，培育农业生产企业从业人员的垃圾填埋技术和不可燃垃圾处理技术等。

第三，循环农业乡土人才的专项培育。在环境优化和维护的同时，生态宜居应该与产业发展相辅相成，因此，循环农业的发展成为推进深度生态宜居战略的重要组成部分。江苏循环农业越来越受到重视，乡土人才缺口也逐渐凸显。循环农业需要的是熟悉种植养殖、微生物产业、农产品加工业、旅游业的综合性人才。在循环农业乡土人才培育方面，职业院校应该充分发挥人才资源库的作用，对进驻农业企业人才工作室的乡土人才，进行农业生态化改造思路的培育，让更多农业专家、学者将最新的生态化产业思维应用于江苏乡村产业优化，在茶园产业生态优化、水产养殖生态优化、花木产业生态优化等方面推进生态宜居的实现，保障江苏生态产业人才工作室的人才输送和储蓄，让乡土人才真正成为乡村振兴的主力军和智慧保障。

第四，山水林田湖草系统治理方面的分层次、立体化乡土人才培育。江苏地区乡村自然环境改造效果显著，但是要实现生态宜居的维护，就应该对接乡村环境的新标准，由"整洁"变成"特色"，由"有序"转为"美丽",由"成效"向"长效"迈进。乡村的山、水、林、田、湖、草成为渗透在生产、生活、文明等领域各个层次的环境要素。职业院校在对乡土人才培育的过程中,要将乡村山水林田湖草系统治理水平嵌入乡土人才培育的内容中,面向乡土技艺爱好者、乡村留守人员、返乡创业人员、农村电商企业管理者等群体,开展师徒结对、传帮带、项目入驻等方式,将环境综合治理和生产要素生态化的理念、具体模式和方法深入乡土人才培育体系中。同时,打造不同行业的乡土人才综合治理信息库,让乡村生态系统保护和修复技能成为乡土人才培育的"基础课程",推进乡土人才在乡村振兴战略实践中发挥引领作用,加速农业的生态系统服务价值变现,探索更多高附加值、多产业链的生态农业模式,促进环境保护和经济发展的协调同步与良性互动。

三、"乡风文明"方面,重视乡土人才的文化意识和从业素质培育

江苏职业院校对乡土人才的培育要注重乡土人才根植的产业沃土,了解乡土人才未来发展的潜力。江苏休闲农业发展的最大特色是与城市旅游相区别的"乡村性"。这也是吸引消费者、发展江苏休闲农业产业的前提。然而,目前江苏一些休闲农业产业经营主体对休闲农业产业的理解不深,概念混乱,忽视了"乡村性"。由于当代年轻人越来越青睐于回归大自然,享受绿色、健康、环保的度假方式,乡村休闲旅游迎来了有史以来最好的发展机遇,在乡村振兴

的背景下，江苏周边的乡村争相开起了农家乐休闲方式，但是由于这类服务没有统一的标准，因此回头客罕见成了最令当地农民头疼的问题，而江苏职业院校大量、多次的人才培育起到的仅仅是暂时的效果，总体上不尽如人意。

江苏职业院校对乡土人才的培育，要注重培育乡土人才发展的眼光，培养乡土人才要具备实现乡村振兴所需要的前瞻性思维和技能。目前江苏乡村存在的最严峻问题是，乡土人才对乡土文化价值的认知偏颇，这直接导致乡土人才在产业规划、从业道德等方面过分追求经济利益，这会导致乡土文化的传承和发扬、乡土文化与农业现代化产业的融合、乡村产业的可持续发展等通道都受阻，乡村振兴失去了原内生动力。江苏职业院校对乡土人才的培育应该从费孝通先生《乡土中国》一书的主张开始，坚信乡土的根在土里，土里有生活，有文化，有温情，有历史，有浓浓的乡愁和真诚的人性。乡村产业的发展与城市的规模化、工业化生产完全不同，不能采取短平快的方法和模式，必须贴近泥土，追求生态化发展，这与植物在土里生长的规律一样。目前江苏的乡村已经发生了翻天覆地的变化，一村一品等战略的实施，让乡村不再贫瘠，但是，值得注意的是，人们对乡土的热情正在逐渐消退，这与乡土人才的流失关系很大。

以往的职业农民以职业性为主，而乡土人才同时具备乡土性与职业性。乡土人才在就业的同时，对邻里乡亲、人情世故、社区管理和环境优化等方面都有与生俱来的责任感，而那些在其他村落或城市务工的人群，虽然从事的领域为农产品生产、加工和销售工作，但是这些工作已经割裂了农民与乡村命运及乡村未来的联系。现有的职业农民和乡土人才，对文化的认知多停留在运用乡土文化可以带来多少利润、可以吸引多少游客方面；特别在离开村落的年轻人的认知中，对土地、自然更多的是逃离和疏远，他们向往和追求现代大都市的文化，对乡土文化的记忆淡薄，只剩下一些碎片化和表象化的元素；而留守老人背负了照顾留守儿童的重大责任，导致其生活艰辛，虽然其对土地的依恋存在，但是对土地缺乏新的全面感知；因父母单纯追求经济利益而被留在家里的儿童，根本得不到本应拥有来自家庭的陪伴和温暖，导致其心灵、知识体系和人格形成都受到影响。所有这些，因为乡土人才的缺乏，使得各类乡村群体对乡村或乡愁认识不足或错位，也都会影响乡风文明的落实。乡村振兴不仅是产业发展，而且是产业与文化的可持续发展和深度融合，在乡村产业开发和维护的过程中，增加村民收入，提升村落气象，利用文化资源，凝聚乡村情感。江苏职业院校对乡土人才的培育，应该首先与乡土文化紧密结合，增强文化意识，强化文化功能，对乡土文化进行再认识。

江苏职业院校在对乡土人才的文化意识培育方面，第一，应该强化和灌输乡土人才的乡土价值观念，关注当地村落的历史发展沿革和历史文化价值。每个村落在发展过程中往往有自己的特点和经历，这些已经成为乡村发展的一部分，是乡村前进途中不可或缺的值得回味和谨记的印记。这种对历史特色的回顾不仅仅是回忆，更多的是将乡村种植或养殖、时代积累的农业生产的经验和优势进行综合分析。不同地区，气候和自然条件、历史背景往往不同，种植或养殖类型和时间、动物灾害发生周期和后果、病虫害的防治方法、田间管理和人力物力的投放等，都会给村落的未来发展、产业规划产生重要的影响。第二，江苏职业院校在对乡土人才培育的过程中，应该让乡土人才用新思想并针对乡村当下的境况来审视与思考乡村发展的途径和模式。这就更加需要乡土人才用文化的思路，将乡土文化印记代代相传，不论乡土文化印记是否还在乡村的发展过程中发挥作用和功能，都不影响乡土文化对乡村的影响和作用。与技术不同，文化不能用先进或落后，有用或没用，流行或过时来判断，而应该挖掘乡村文化自身的发展逻辑，借助国家对于乡村发展的新要求，取长补短，总结经验，让乡土文化在现实中熠熠发光。第三，江苏职业院校对乡土人才的培育需要用发展的眼光。当前，乡村不仅是环境面貌发生了变化，其最大的变化是人的因素发生了变化，特别是家庭务工场所、家庭分工、儿童学习场所、儿童抚养人、村委会构成、种植或养殖管理方式等都发生了翻天覆地的变化，而这些人的因素，才是乡村振兴能否成功的根本所在。由于乡土文化并没有给所有乡村都带来经济上的直接利益，因此，大部分人厌倦甚至厌弃乡村文化和乡村生活，更多的人虽然移居城市，可城市的压力，以及与亲人分别带来的苦闷，让他们离开乡村后并未过上幸福的生活。这是值得目前这代乡村居民深深思考的问题。因此，乡土人才的文化重拾能力和深度理解能力，是乡土人才扎根乡村，带领乡村走出困境，真正振兴乡村的重要因素。

四、"治理有效"方面，重视乡土人才的产业管理和分工合作意识培育

乡村的有效治理，包括产业的治理、乡村社区及环境的治理。在乡村振兴中，治理与产业发展是密切相关的，游客的大量涌入，以及休闲产业的单一重复，大量污染性农家乐的存在，都会影响到乡村振兴战略中乡村有效治理的落实。在乡村振兴的背景下，全国各地通过将传统的民间民俗与特色饮食文化相结合，结合当代热门的玩法，开发出适合年轻人的休闲农业产品，走出价格竞争的"红海"地区，是乡土人才投身乡村建设的前提。江苏要实现乡村振兴战略中的治理有效目标，应该结合年轻人对于休闲娱乐的需求，打造有特色的、有挑战性的休闲深度游、长期游，将儿童教育、家庭休闲和个人娱乐融为一体，借助电子商务手段和信息化技术，让更多家庭、年轻人走出城市，走向乡野，释放身心。江苏各地的村镇可以通过引进一些吸引年轻人的特色项目来带动休闲农业的发展。借助信息化、网络化和 App 终端，提升休闲农业产品的黏性，借助绘画、教育、休闲规划项目，将休闲农业产品带回家，提升休闲农业的附加值，与江苏相关的食品、土特产品、丝绸、绣品也将成为生态圈的部分，最大限度地降低环境污染，让深度游、长度游、规划游成为流行时尚、网红追捧的新潮流。江苏乡村物产丰富，底蕴深厚，自然风光闻名天下，近年来游客日益增加。这对于社会资本而言，具备较大的吸引力。但是，从以往的投资情况来看，社会资

本对江苏乡村有效治理的投资存在时效短、收益少、受益方单一，因此，江苏出台了相应的条款，对农业投资主体中，社会主体的确认、乡村产业投资的渠道和权限等进行进一步细化，为社会资本投资江苏乡村振兴中的有效治理的主体、范围、权限提供参照与依据。对江苏乡村休闲农业的各项制度进行完善，强化投资保障功能，对江苏乡村产业投资的权限、范围进行确认，同时，对休闲农业运营的方法、模式、村委会支持力度等进行明确的指导，鼓励农业产业服务领域多投资，助力形成多元化的农业投资新局面，完善不同角色的农业投资主体分工。

因此，江苏职业院校在乡土人才的培育过程中，应该充分认识到社会资本投入给乡村有效治理带来的机会和威胁，充分了解产业发展的现状和主要问题及创新思想。江苏省乡村产业资源丰富，在休闲旅游、民宿等方面走在全国前列，但是，在现阶段也遇到了新的问题和挑战。产业的迅速发展，要求注重特色，不能单一重复，否则将会在产业后续发展和环境保护方面留下巨大隐患。同时，民宿和休闲产业等都与村民的日常生活和经济收入结构、乡风文明等密切联系。民宿虽然逐步规模化，建筑形式也多样化，但是与乡村整体风貌还存在一定的冲突，某些地方为了民宿发展逐步将村民迁出乡村，造成了乡村新的空心化。要避免这些问题，就必须在产业规划之初及人才培育的初期，将乡村产业发展面临的困境展示给乡土人才，江苏职业院校只有带着问题和使命对乡土人才进行技能、思路、方法和管理的培育，才能起到事半功倍的效果。

江苏职业院校在人才培育中除了注重创新思想和对乡村产业整

体的认知之外,在人才孵化中要特别注重乡土人才的团结协作和借力发展思维。单打独斗的乡土人才已经不适合乡村的发展,乡村要倚靠具有类似资源、类似问题的乡土人才集体行动,才能发挥出资源的最大效应,避免浪费。乡土人才中,很多人才刚刚经历了由传统的农民身份,或者学生身份,或者从业者身份,向职业身份的转变,一旦乡土人才成为专业的职业人才,就必须掌握和具备职业人才本身应该具备的自律、规范、行为受约束等特点,不再是自由散漫的人群,这种职业规范,对于乡土人才自身素质的提升,以及改进整个乡村治理成效,都具有显著的影响。相对于进城务工的人群,反其道而行之的乡土人才,必须对农业产业的成果滞后性、自然条件影响性和市场信息的流通不畅等特点有充分了解,因此,团结、协作、谨慎、敬业的工匠精神培育应该成为江苏职业院校对乡土人才培训的主体内容,也是引领乡村管理改善的重要抓手。乡土人才如何践行职业道德,培养职业能力和职业品质,对农产品质量、休闲农业的规划涉及、环境保护和可持续发展都有较大的影响。

乡土人才的职业化培育,能够有效地保持返乡农民曾经受到的训练和形成的职业素养,是一个因人才特点、阶段而不同的动态的人才孵化过程,应该更加强化职业性赋予乡土人才的道德、协作素养,明确其职业属性。所谓职业属性,就是人力资本在社会分工和履行岗位职责的过程中,因其专业知识、技能付出所创造的物质和精神财富的种类不同而获取报酬的工作过程。不同的岗位往往分别是由多个人群构成的,因此,职业属性具有社会性、团队性、时代性和衔接性等特点。对于乡村发展所需要的乡土人才的职业属性而言，除了乡土人才的行为规范之外，还应该具备绿色、有机、无公害等现代农业所追求的目标的嵌入。以己度人，乡土人才对农产品种植或养殖，对休闲农业项目的安全性和趣味性，对于农家乐这类休闲方式所提供食品的健康程度，都应该有很强烈的主人翁意识，不带有歧视眼光，不单纯以经济收入为目标，而要精益求精，在追求经济发展的同时，改善乡村治理的面貌和手段，用科学的眼光和前瞻性来衡量整个农业产业和乡村环境的长远发展，这应该是江苏职业院校对乡土人才培育的重点内容。只有落实乡土人才"爱岗敬业、专注农业、精益求精、持之以恒"的工匠精神，不断提升乡土人才职业培育的职业认同感与幸福感，才能更好地契合新时代背景下乡村振兴的各项要求，在逐步提高乡土人才职业声望的同时，提升江苏乃至全国的乡村治理水平。

乡村振兴需要实现治理有效。乡土人才的从业领域就是乡村，乡土人才生产、生活场所的规范管理和有效治理，也是乡村振兴的重要组成部分。从营销学的角度来看，乡土人才要发挥整合营销的观念，全面倡导休闲文化及绿色消费，使休闲养生的观念深入人心，呼吁大家走进大自然，走进田野，走进乡村，从而推动休闲农业的发展。从旅游学的角度来看，引导人们的旅游消费观念从都市游转向乡村休闲旅游，通过打造一些具有乡村特色的旅游线路，在进行休闲旅游的同时更好地推动乡村农业产品的销售。只有乡土人才通过多方的努力，齐心协力，集思广益，才能进一步推动乡村休闲农业市场的完善。

江苏的乡村休闲农业虽然已经具有一定的发展空间，但要想形成完善的市场体系还需要多方面的努力。从管理学的角度来看，要促进江苏周边村镇休闲农业市场的良性发展，必须制定和规范统一的行业标准和一些扶持政策以帮助农民创业，真正做到帮民、扶民、爱民、惠民，调动大家走向美好生活的积极性，促进各村休闲农业的可持续性发展。因此，乡土人才面临的重要任务就是，优化江苏休闲农业体系。江苏职业院校在培育乡土人才以实现治理有效的过程中，应该建立多层级的立体式的价值评价体系，设置乡村治理的维度体系，并对照这一维度体系，给乡土人才在乡村振兴进程中发挥的作用打分。乡村振兴战略中治理有效的维度包括产权意识、服从意愿、组织归属感、文化认同感和人际关系五个方面。

江苏职业院校对乡土人才的培育必须紧紧围绕这五个方面进行。产权意识培育是乡土人才培育的基础。乡村主要依靠的土地归集体所有，土地是乡村居民世世代代赖以生存的主要依靠，也是乡村居民感情所系之处。传统的产权制度从家庭联产承包责任制开始，逐步向以农民专业合作社为代表的集体产权转变，土地所有制与土地使用模式、解放劳动力及激发劳动效率有显著的关系。中国共产党的十九大报告对农业供给侧改革提出了指导意见，对土地流转的基本要求和范围进行了指引，提出要深化农村集体产权制度改革，保障农民财产权益，壮大集体经济。除了农民专业合作社等新兴农业生产经营主体之外，乡土人才从事的产业领域更加广阔，因此，在新的产权意识、相关利益分配、乡村治理方面，江苏职业院校对乡土人才也应该有相应的培育。

江苏职业院校对乡土人才培育中，服从意愿也是其重要内容之一。构成乡村的主要单位是家庭，乡村和城市相比，其对家庭的维护意识更加强烈，邻里之间对家庭信息的敏感程度更高。这种结构，造成了乡村治理中对服从意愿的要求。由于家庭这种组织单位的私密程度相对较高，因此，所有乡村治理动向往往是在与家庭利益不冲突的情况下才能有效执行的局面，这对乡村局面基本行动单位、反应时间和依从度造成了影响，也是乡村治理相对低下的原因之一。乡土人才在乡村的从业过程中，以及在对相关产业、规划进行设计的过程中，涉及需要村民配合的产业项目时，都会遇到类似的问题。因此，人才从业的自愿性和热情，是从事乡村产业和治理首要解决的问题，也只有这样，才能保证人才与乡村的共生共治。由于乡村的特殊性，这种共生共治不能简单地依靠体制的层层指挥和管理，而应是多主体之间的协调、妥协、合作、共商、沟通的动态前进过程。乡土人才在从业岗位、人际关系和管理结构方面，应该实现尊重、平等和相对自由，与村民、村委会、新型农业生产主体形成命运共同体，积极加入农民专业合作社、家庭农场、涉农企业、农民合作联盟、农民互助社、农业技术协（学）会、农村社区性合作组织等多种农业生产合作主体，才能实现愿望一致，利益绑定。传统的培训方式因为工作安排或利益聚合的原因，而没有共同的愿景驱动，在乡土人才的培训效果上也会大打折扣。

五、"生活富裕"方面,强化乡土人才的扶贫意识和示范带动能力

江苏职业院校对乡土人才培育,让有能力、与乡村发展契合的人才深入乡村,发挥作用,这部分乡土人才有一个共同目标,那就是带动一部分人,带动具备乡村文化特色的产业发展,提升村民的收入,实现生活富裕。生活富裕是江苏乡村振兴的目标,也是乡村实现长效自治、取得高效治理成果的重要体现。大量"空心村"的存在,让很多孩子和老人成为留守人员,家庭成员分住几处,孩子的教育和陪伴、老人的赡养和照顾都成为遥不可及的企盼,生活中缺少幸福。乡村家庭生活失去幸福的基础,乡村就无法实现真正的振兴。在建设和回归"绿水青山"的同时,要把"金山银山"真正送到村民手中。社会资本大量投资于乡村产业,在使用乡村土地、房屋和人员的同时,在村民主体参与方面没有取得较明显的改变。在乡村振兴背景下,江苏应该根据社会投资的规模和种类,尤其是高标准农田和生态公益林等绿色生态项目的比例,给予这些项目以补贴和保障,鼓励土地复合利用,不仅重视经济收入,同时在项目规划初期,鼓励开发乡村文化传播、乡村居民参与、现代营销传播、农业教育科普、乡村环境生态良性发展的优秀项目优先发展。

江苏职业院校在乡土人才的培育中,必须明确乡村振兴仍然要以"人"为中心,形成基于文化、观念、特色、兴趣等方面的共识,形成互助互认、互通互鉴的和谐社会关系网络,才能够让其他

社会资本发挥出最大的效用。因此,江苏应该不断完善社会网络型社会资本,通过乡村民间组织的建设、乡村领袖作用的发挥、自发组织的民间团体和协会等,促进乡民对于乡村建设、未来发展、乡村改造、收入提升等方面的交流和理解。

同时,为了让乡村生态环境和成果长效保持,江苏职业院校在培训乡土人才的过程中,应该重视乡民自我管理能力的提升,拓展乡村居民的视野,扩展乡村组织自主决策的范围,拓宽利益沟通渠道,提升村民的凝聚力。政府充分发挥引导和鼓励作用,并不直接干预乡村生产、文化、娱乐等合作组织,建立符合乡村人文特点的社区网络。要提升社会组织的主观能动性,可以充分发挥乡土人才的示范带头作用,借助农业技术能手、农业经纪人、村委会和农业生产大户等的影响力,深入乡村组织,统一思想、凝聚共识、形成合力,为更好地推行农业政策、贯彻落实精准扶贫、提升乡村生活质量而贡献力量。

第四节 江苏职业院校乡土人才培育模式拓展策略

一、技能培育方面,将技能教育与岗位分析能力紧密结合

江苏职业院校在培育乡土人才的过程中,在技能培训内容的设置方面,必须关注当地乡土人才的从业背景和文化层次及农业知识

基础,在有目的、主动地提升培训的过程中,乡土人才对新知识、新产业和新事物能主动接受,以项目为依托,着力激发乡土人才的创新能力,采用多种课程模式来进行研讨和思路拓展。在设计课程阶段方面,江苏职业院校应有计划、有步骤地将农业创新思路、乡土文化认知、社会道德和法律、金融和扶贫政策等内容巧妙地贯穿在课程中,让乡土人才在学技能、长知识的同时,成为懂政策、有道德、有梦想的合格人才,最终实现学技长识、学技知新、学技提品,把课程学习和技能提升打造成动态化、网格化的科学体系。

针对全省不同地区的乡土人才培育,江苏职业院校在课程设计方面,应该避免重复,以够用为限,反向筛选,以用促学。在采取多种培育方式、借助多种平台网络实施培育的过程中,注重理论联系实际,课程培育的主体和内容及受训对象,都要根据地区的产业发展特色、社区管理水平、乡村振兴愿景来确定,在确定乡土人才培育日程和班次的时候,江苏各职业院校和扶贫机构、扶贫项目之间应该有数据库共享,各院校能够及时根据所需课程进行培育项目筛选,提供优质课程和雪中送炭的培训内容,避免各自为政、课程无弹性和不接地气等问题。

由于乡土人才的特殊特点,以及乡村振兴战略对人才的需求特性,江苏职业院校在培育方式上也要进行卓有成效的改革。在乡土人才的培育模式和教学方法上,对于纯理论说教点到即止,活学活用,课堂设计可以直接放在产业基地、田间地头或绣坊等工作室进行,结合实地考察、现场观摩、新媒体主持和内容现场策划等模式，以取得实用、立竿见影的效果，依靠传帮带、老带新，打造乡土人才的后备力量。同时，结合职业院校现有的信息化教学资源，开发专门针对乡土人才的手机终端 App 学习软件，采用学分制等方法，在年终考核时，对学习积极的乡土人才给予适当加分或奖励，激发他们接受教育的积极性和主动性。

二、技能培育方面，将技能教育与岗位分析能力紧密结合

江苏职业院校对乡土人才的培育是江苏现代农业产业和教育的对接与融合，不是仅仅依靠单一的合作形式就能够完成的，这一培训过程更加注重的是基础资源和综合实力。江苏职业院校对乡土人才的培育是建立在对学校整体教学质量、教育改革、人才培养模式优化基础上的。其教育培育实施应该重视学生的创新意识、就业规划、企业文化认知和综合素质的提升，重视与乡土人才培育配套的双师教学团队建设，对教师的教学、企业实践、技术研究、创业能力的提升制订较详细的计划，邀请大量行业专业、企业技术能手、市场推广资深管理人员，与教师共同推进教学和实践质量的提升。

职业院校教师的科研能力，对农业产业正常良好运行、学生知识结构的革新、社会服务质量的好坏都有重大的影响。江苏职业院校对乡土人才的培训应重视教师的科研能力培养，而又不拘泥于传统科研能力的框架，引导教师理论研究和科研方向都扣准专业领域内实用、紧缺和焦点问题，强化"研"的基础和引领地位，尤其要

关注人才培育对象在未来就业领域里"产学研用"的实践过程，通过集思广益、海纳百川，不断共享教育和科学资源，为企业和行业的发展提供优质智力支持。

江苏职业院校对乡土人才培育的重要成效之一，就是培育对象的就业和长效发展情况。在锁定乡土人才的就业领域，并对其技能实现分解孵化之后，需要长效跟进培育对象，发挥"产学研用"的最大效用。不论是江苏高职院校，还是江苏中职学校，未来都应充分考虑彼此有效衔接和互通的问题，在政府支持下整合资源，动态对接区域经济，在明显提升乡土人才技能的同时，为产业发展做好人才储备，确保乡土人才内生动力不断提升，并具备引领和带动周围普通农户共同发展的能力。因此，江苏职业院校在开展乡土人才职业教育之际必须紧密对接就业链条，充分调动企业的积极性，吸引更多的企业参与和互动，将乡土人才培育中的技能培养与产业发展的未来需求紧密结合，建立灵活高效的管理机制。

江苏职业院校建有较为实用和多样的"产学研用"平台，在乡土人才培育方面应进一步丰富联合办学载体，针对乡土人才培育对象的就业愿望和个体差异，以课程教育、项目联合等方式进行教育输出；同时，应该设立乡村办学机构，直通人才培养，逐步加大参与乡土人才培育服务的领域。为更好地让乡土人才培育效果持久，应同时重视证书课程和相关技能培训，让乡土人才受训者成为真正具有一技之长的实用人才。根据产业发展需要，有选择性地引入技能资格证书课程、技能教学项目与教材的同时，推进教学资源的本地化，借鉴先进技术优化课程的实用性，强力提升人才培育对象的综合竞争力。江苏职业院校应审时度势，积极响应"一带一路"倡议，积极研究和分析职业院校应该承担的角色地位，紧随经济发展的方向，不断拓展合作领域，与相关地区尤其是经济发展相对落后的地区合作共建生源基地，签署技术交流备忘录，等等。

三、文化培育方面，发挥基层党组织的作用打造"造血式"文化内涵的培育网络

江苏职业院校在乡土人才培育过程中，应该充分发挥好基层党组织的战斗堡垒作用。支部和党员是实现全面小康的主力军，要把基层党建目标任务与乡土人才的文化培育目标任务有机融合。面对目前基层还普遍存在群众文化生活匮乏、思想素质偏低、政治理论水平不高的情况，基层党组织更要充分发挥党建助推人才培育的作用，集中党员干部的智慧和资源，学做改促、分析优势、查找短板，严格落实教育常态化与长效化制度，因地制宜地有效发掘文化潜力，突出地域特色，创新文化扶贫思路，增强扶贫实效。要时刻牢记党的服务宗旨，带头用好党的富民政策，准确把握村民文化需求，全面补齐文化短板，利用优秀乡土人才和产业模范的影响力积极宣传，激发群众内在活力，逐步提升群众的思想文化素质，丰富群众的业余文化生活，充分调动乡村群众的文化积极性和创造性。

对于江苏艺术类职业院校而言，在采风、传承和拓展思维的同时，应该把握好非遗文化。非遗的智慧和来源在民间乡村的土壤中，灵感来源于乡村，更应该回馈乡村。乡土人才的培育过程是技

艺传授的过程，更是文化重拾、建立自信的过程。乡土人才要树信心、立目标，勤思考、多观察，爱交流、善沟通，努力学到真本领，发扬传统手工技艺，发挥乡村地区非遗资源优势，把小产品做成大产业，早日实现脱贫奔小康。江苏职业院校应该牢牢立足当地深厚的历史文化底蕴，实施"一镇一品"式的"特色文化资源＋人才培育"模式，加大文化资源的挖掘开发，实现文化与旅游的深度融合，拓宽贫困人口的增收空间。

江苏职业院校应该注重提升乡村地区乡土人才的"文化造血"能力。江苏职业教育义化培育应该特别注重党员的模范带动作用，加强和改善党的领导。逐渐把夯实农村基层党组织的作用同人才培育有机结合起来，更强调润物细无声、循序渐进，强调突出特色、保护传统。

四、创业培育方面，借助带头人典型培育发挥示范引领作用

江苏职业院校对乡土人才培育过程中，要重视培育创业致富能人，充分发挥其带动示范作用，促进农民增收。江苏职业院校人才培育应该完善利益联动机制，让乡土人才与现代农业有机衔接，加大培育精准力度，助推村民提升收入。江苏职业教育提升乡土人才培育成效的关键，是形成合理的利益联动机制，帮助建立紧密的利益联动机制，对不同的人才群体采取不同的举措。分散的乡土人才在市场中通常处于弱势地位，在资源整合和利益分配的过程中需要

政府的协助，保障其利益。帮助改变乡土人才所在企业和岗位的生产经营方式，乡土人才通过各种方式进入由企业、合作社或家庭农场这些新型经营主体主导的产业体系中，由有竞争力的经营主体带动人才发展。此外，还可以通过改革实现资源变资产、资金变股金、农民变股东，用多种模式和利益联结机制将现代经营主体与乡土人才连接起来，实现资源的合理整合和利益共享。

职业院校对相关产业联系紧密，并具备较为扎实的产业发展思路。职业院校要让乡土人才培育激发脱贫"蝴蝶效应"，帮助发展乡村地区特色产业，形成富民产业支撑，重点围绕发展哪些产业、怎么发展产业、群众如何受益等，加强探索性，打好特色牌，形成规模化，提升附加值，增强竞争力。

职业院校需要提高组织化、规模化程度，在人才培育探索中不断打破"常规"，尊重农民意愿并充分利用市场化手段推进产业扶贫全覆盖，形成"蝴蝶效应"，农民增收也才能实现可持续性。一方面，职业院校把乡村全面发展作为全部工作的出发点，立足地区实际，充分尊重和了解本地资源禀赋，制定整体合理的发展规划，培育特色优势产业，形成规模经营，从促进发展入手，提升乡土人才培育治理。另一方面，教育行政部门应注重协调，通过产业发展与科技培育相结合，加大对乡村地区的科技投入，将现代技术、管理和人才等要素引入乡村地区，促进其区域特色产业和支柱产业的发展。此外，要把新农村建设与人才培育开发有机结合，新农村建设带动人才培育，促进新农村建设，鼓励每个乡土人才立足本地资源条件，因地制宜地发展能提高农户收入、带动产业发展的新产业或新业态,也可以提升改造原有产业,借助带动主体,通过扶持、培育、引进等方式,通过延伸产业链条,推进一、二、三产业融合发展。

第五节 江苏职业院校乡土人才培育互联网手段提升策略

一、普及电子商务基础设施,统筹引导,借助电商拓宽培育领域

随着互联网的普及和农村基础设施的逐步完善,农村电子商务发展迅猛,交易量持续高速增长,已成为农村转变经济发展方式、优化产业结构、促进商贸流通、带动创新就业、增加农民收入的重要动力。但从总体上看,江苏部分乡村地区农村电子商务发展仍处于起步阶段,电子商务基础设施建设滞后,缺乏统筹引导;电商人才稀缺,市场化程度低,缺少标准化产品,乡土人才网上交易能力较弱,这些都影响了乡村通过电子商务就业创业和增收发展的步伐。

职业院校及时应对这一问题,将乡土人才培育的重点放在农村电子商务培育方面,开展乡村地区电商人才培养,为企业和社会输送紧缺的专业电商人才;面对层次多样、文化基础差异大的受训对

象，开展相对复杂和艰巨的系列工程，采取学习培训、下乡指导培训等多种方式，面向返乡青年、贫困户、创业大学生、合作社负责人、乡镇村电商服务点负责人等开展电子商务培训，指导电商从业人员创业，及时进行跟踪孵化。

职业院校为乡土人才实施关于电商平台搭建等方面的知识培训，可以让具备一定专业知识的学生志愿者们帮助当地农户创建电商销售平台，美化推广图文，优化平台性能。这不仅锻炼了受训对象的专业能力，也帮助了当地农民销售农副产品，从而构建一个新型的营销模式。职业院校在与农户合作的同时，帮助其创建电商营销合作社，集中产品资源，细化销售渠道，提高产品质量，将农户与农户、村庄与村庄的力量拧成一股绳，发挥其最大的效益，争取让最大多数农民获益。

二、抱团取暖，多管齐下，借助电商拓展乡土人才培育的深度

职业院校在乡土人才的电商能力运用培育过程中，要加快破解乡土人才所面临的一系列困难。乡村电商面临的困难，通常有网络基础落后、快递物流不发达、农产品质量不达标、人才匮乏等。职业院校应该坚持问题导向，打持久战，逢山开路，遇水架桥，从基础性的事情开始。如加强人才培养，既授人以渔，又要营造渔场，真正扶上马，再送一程；破解快递等物流问题，必须有协同共享理念，抱团取暖，把运营成本降下来。培育目标从卖农产品延伸到改

造农产品生产体系,推动供给侧改革,打通供应链,创新产业链,重塑价值链,核定电商流通渠道标准、质检、仓储配送、物流体验、供应链建立、运营推广等环节资源。

通过电商能力培育,将人才孵化、产业发展、就业提升等举措紧密联系起来,借助"互联网+媒介+渠道+消费者"方式,形成人才培育的"组合拳",不同地区的高职院校对社会经济的贡献,对三农的贡献是不同的,越是经济落后的地区,越要求地市级的高职院校有较强的乡土人才孵化能力。只有进一步加强校企合作,发挥职教集团的作用,加强自身的基础能力内涵建设,提高自身的人才培养能力和对区域经济发展的服务能力,才能培养出优秀的技能型人才,带动乡土人才和村民家庭良性发展。高职院校可根据不同片区经济社会发展对技术技能人才的需求,建立开放的职业教育公共实训基地,为片区培养大批技术技能人才和掌握实用技术的劳动者。

三、协同各方力量,借助网络平台实现乡土人才全方位精准培育

政府、网络平台、电商、服务商、传统企业、农村经营主体及乡土人才,是实现乡村振兴的重要力量,缺一不可。但从江苏乡村的实际情况看,政府各部门、各大平台、各个电商及服务商之间还缺少有效协商,各自为战的多,密切协作的少,本来就稀薄的电商要素在乡村地区还相对分散,难以形成合力,运行成本高、效率

低。传统企业、农村经营主体及乡土人才还缺少有效带动和帮扶,势单力薄。职业院校应加快建立政府引导、平台开放、各方力量参与的人才培育协同机制,进一步提升人才培育效率。特别是地方政府,要从系统思维出发,发挥统筹协调作用,积极完善电商生态,引导各方力量拧成一股绳,劲往一处使。

高职院校应该借助电商创新乡土人才培育模式。根据国家政策的安排和精准扶贫目标的要求,高职院校在人才培育工作中,应该不断摸索新思路和新方法,创新培育模式。在对乡土人才的职业技能培训中,引入"特色培育"和"定群培育"思路。特色培育,指不同高职院校根据自己的特色专业和资源特长进行教育扶贫,比如,电子商务专业可以对乡村地区的农民开展电子商务等方面的培训,生物系农学专业可以开展农作物栽培技术、牛羊饲养技术和牲畜疾病诊治等培训。高职院校应该充分调研所在地区和扶贫对象的需求,进行定群培育,制定切实可行的特色教育培训项目,如针对农民的农业生产培训,针对贫困地区基层干部的培训,针对转移农民的培训,针对农村企业经营者的培训,等等。

第六节　江苏职业院校乡土人才培育特殊群体孵化策略

一、关注特殊人士特殊心理疏导，进行特殊人才培育

残疾人是社会的特殊群体，也是决胜全面建成小康社会，实现乡村振兴战略不可忽视的重要关注对象。习近平总书记指出，全面建成小康社会，残疾人一个都不能掉队。这是各级村委党委政府对残疾人群体的庄严承诺，也是各级党委政府的神圣使命和重要责任。受到生理因素的制约和影响，残疾人群体的文化水平往往相对较低、劳动能力不强、市场竞争力不足，很难适应劳动力市场发展的需要，总体的就业层次和水平较低，就业稳定性不强，很难实现普通的岗位获取。在这些影响因素中，残疾人群体受教育水平普遍偏低是根本性的问题。实现残疾人群体的技能培育，帮助其找到合适的岗位，已经成为全社会的一个普遍共识。

在对江苏省特殊人群的调研中发现，部分残疾人家庭相对更为贫困，对岗位和工作的需求更迫切，同时，他们并不是不能工作，而是缺乏对工作的认知，且常年来受到不公正待遇而给其留下的阴影影响了其就业。事实上，残疾人的文化和体验能力往往超过一般人，他们一般是社会最困难、最需要定点定向进行培育的弱势群体。职业院校在各个地区政府的领导和残联高度重视下，应该更多

地致力于乡村残疾人社会救助工作,积极参与残疾人社会保障体系和社会服务体系建设,认真落实各项惠残政策。

职业院校在乡土人才培育过程中,不能忽视和落下残疾人这部分群体。应该借助多方力量,借助社会教育培训手段深度帮助残疾人群体。社会各界以各种方式救济残疾人,以各种方法救济因病、因灾返贫的困难残疾人,还本着"帮助一名残疾人就业,成就一个幸福家庭"的理念,鼓励社会各方力量协同解决残疾人就业问题。职业教育尤其要发挥不可忽视的作用,可以因人而异、因地制宜地采取形式多样的帮扶举措,比如举办电器装配、插花、计算机、营养师、网店经营、农村实用技术等培训班,举办大型残疾人就业招聘会,建立农村残疾人扶贫基地等,增加残疾人收入。同时开展各种文体宣传和关怀活动,鼓励残疾人从"心"站起来。

二、携手助残创业,开拓助残扶贫的乡土人才培育新路径

职业院校在携手助残方面,应尝试助残扶技创业。对于那些家庭相对贫困,受教育程度较低,因身体缺陷很难参与劳动生产的残疾人群体,更要细致入微地专门培育。残疾人在各地分布比较分散,且每个残疾人在残疾情况、残疾程度等方面都有所不同,相对难以保证培育的精准程度,因此,只有确定如何为残疾人提供长效、稳定、及时的人才培育计划,精准地为每一位残疾人量身定制孵化目标,才能形成长久效应,补齐乡土人才孵化的短板。残疾人往往存在长期的心理创伤,这无形中增加了人才培育的难度。残疾

人作为弱势群体,由于各种各样的缺陷而在成长经历中大多受到歧视,这使得残疾人在与他人的接触中,容易感到自卑;在与他人的交流中,容易感到胆怯,这往往导致他们排斥普通培训,往往不愿意参与正常的劳动生产,对其使用常规的培育办法往往难以奏效。职业院校可以通过助残扶技创业,助农助残培训,举办大型残疾人就业招聘会,建立农村残疾人扶贫基地培训班等项目,手把手传授残疾人就业创业技能,增加残疾人收入。

三、关注乡村家庭,为乡村女性量身定制长效和利基式培育计划

1. 关注女性的家庭地位,将女性作为乡土人才培育的重要组成部分

乡村家庭中,大多数是女性操持家务,男性以外出务工为主。近年来,随着乡村的迅速发展,部分外出返乡人群回到乡村,但农村居民仍以女性居多。女性是家庭的重要组成部分,对于乡村发展而言,儿童教育,孩子归属感、安全感和人格塑造,老人的赡养,以及家庭关系的改善和维系,都与女性有非常大的关系。江苏全省乡村在发展历程中,女性虽然在文化层次上仍然相对较低,但是女性的眼界和从业意愿逐步增强。在乡村振兴的大背景下,将女性作为受众群体进行专项乡土人才培育,将她们这些乡村家庭的重要成员培育成合格的乡土人才,并充分发挥其在乡村文化、家庭、社区

建设和管理方面的示范作用,是职业院校乡土人才培育体系中不可或缺的一部分。

江苏省大部分乡村的女性学历相对较男性低,以往传统的人才培育虽然也囊括了女性,也号召和引导女性参加扶贫、技能培育、农业合作社培育等,但是职业院校的课程内容没有专门针对女性特点,而只是在政策法规、环保、垃圾处理等方面号召和带动了女性的从业信心和热情,这些让女性直接走上就业和提升收入的岗位仍然只占少数。近年来,针对女性的初级文化培训开展得较多,也凸显了成效。但是目前,针对岗位和就业促进妇女真正走入创业与创造价值的培育之路还很长。

2. 优化女性乡土人才培育内容,注重培育实效

江苏地区受到吴文化影响和熏陶,大量民间手工艺成为重要的瑰宝,在与传统农业相互融合的路上逐步发挥出璀璨的光芒。其中仅在苏州一地,昆曲、古琴、端午节(苏州端午习俗)、中国蚕桑丝织技艺(苏州的宋锦、缂丝织造技艺)和中国传统木结构营造技艺(苏州香山帮传统建筑营造技艺)等都已被列入非物质文化遗产项目。江苏非物质文化遗产旅游资源的整体开发价值较高,传统技艺类、表演艺术类和节庆民俗类非物质文化遗产旅游资源在休闲农业品牌价值建设中尤其突出,如表6-1所示:

表6-1 江苏部分非物质文化遗产类别

类别	亚类	代表项目
民间文学类	民间故事与传说	《珍珠塔》
	歌谣	吴歌
表演艺术类	音乐	古琴 道教音乐 江南丝竹
	舞蹈	滚灯
	戏剧	昆曲 苏剧 苏州滑稽戏
	曲艺	评弹 宣卷
	杂技和竞技	摇快船
传统技艺类	民间美术	苏绣 桃花坞木版年画 玉雕 光福核雕 灯彩 泥塑
	传统手工艺	香山帮传统建筑营造技艺 宋锦织造技艺 剧装戏具制作技艺 制扇技艺 御窑金砖制作技艺 缂丝制造工艺 太湖碧螺春制造工艺 盆景造景工艺 淡水珍珠制造工艺 糕团制造工艺 民族乐器制造工艺 中医传统制剂方法 明式家具制作技艺 装裱修复技艺

本研究对江苏借助非物质文化遗产资源发展创意农业的消费意愿进行了调研。对最喜欢何种形式的非遗产品，受访者选择最多的是亲身体验式（如学习技艺、亲手制作非遗工艺品），占29.5%；喜欢整合街区模式（将非遗体验项目与传统街区村镇如山塘街、观前街、周庄等相结合）和节庆活动模式的受访者分别占26%和22.5%；喜欢展馆模式和旅游商品模式的受访者相对较少，分别占13%和8.5%；也有0.5%的受访者表示喜欢各种形式。在对部分受访者做进一步访谈后，笔者了解到多数受访者希望能深入挖掘非遗的历史文化内涵，并尽可能使非遗项目保持原有面貌，部分受访者认为可创新开发、融入现代元素，以适应新时代要求。可见，消费者对非遗的认知度较高，非遗旅游产品对消费者有吸引力，存在较大的发展空间，应根据消费者的偏好和消费意愿，有针对性地开发消费者参与度高、体验度高、价格适中的创意农业产业体现项目。

在这些项目中，对很多项目的传承和发扬，都需要由细心和有耐心的女性群体来实现。女性群体在日常生活中，由于其工作时间的不确定性和零散性，应该灵活掌握其人才培育的时间安排，有针对性地进行女性手工艺者的重点培训，安排好一对一和传帮带的工作，让女性借助茶余饭后的闲暇时间进行手工艺品的制作，在提升收入的同时，丰富业余生活、普及乡村文化。在培训中，如果不能灵活掌握培训时间，而一味地按照传统授课的方法进行，就会打击女性乡村居民参与乡村产业和再就业的热情与积极性。对于江苏而言，乡村经济相对发达、产出多样、文化资源丰富，但是乡村空心化现象仍然普遍存在，大部分贫困家庭的主要问题是缺少劳动力，这些家庭主要留守人员为中老年女性和儿童,其中,中老年女性虽然没有时间和精力参与重体力劳动,但是她们往往具备大量的可以从事民间手工艺工作的时间。只是部分女性除了参与农业生产之外,还需要照顾老人和孩子,所以职业院校最好能提供相对轻松、易引起女性兴趣的手工艺技能培育,并使这些中老年女性在从业和生产的过程中,进一步影响到儿童,带动大家共同传承乡村文化。

3. 改革女性乡土人才培育模式,提升女性地位

在以往职业院校进行的乡土人才培育中,绝大多数受训者为男性。调查中发现,没有参与培训的女性并不是主观上不愿意或者不感兴趣,而是因为其知识体系方面的问题,或者因多年从事家务而导致她们在思想上、地位上不如男性,因此,她们产生自卑和被动心态,她们对培育之后的职业及从业收入期望过高,希望在就业之前收入有保障,这就大大影响了中老年女性村民接受培育的主动性,即使其接受了培训,培育的效果也受到影响。

江苏职业院校应该根据这种具体情况,变革女性乡土人才的培育模式,丰富和更新培育内容,更加关注女性工作与现代农业产业的契合点,量身定制,设计合理和科学的培养内容。同时,避免单一的在教室里、课堂上培养的教学方法,应该更加注重理论与实践的紧密结合,重视一一对应的师徒制配额模式,重视与女性的交流方法及女性实际技术水平的提升,在培育之前,充分了解女性的家庭地位、日常劳作、经济负担和性格个性,制订科学合理的培养方案,并做好示范作用,解除女性经常出现的犹豫和抵触等心理问

题，控制与调整培育时间和场所，注重理论联系实际。

在开展对女性村民培育之前，职业院校应该建立与多元主体共同搭建的培育保障体系。女性乡土人才的培育及未来就业需要多方面的协作，在人力、物力、时间安排与协调、心理辅导等方面，职业院校要提供培育之前的保障。为了更好地促进培育效果，应该在一定程度上实施免费培育、适当补助、奖励技能和提供就业岗位等保障制度，排除女性受训者的后顾之忧，借助手工艺培训，增加女性收入，提升女性地位，增加女性自信，传播乡村传统文化。

参 考 文 献

[1] 刘婷.河南省农产品品牌建设策略研究:以新乡代表农产品为例[D].新乡:河南师范大学硕士学位论文,2015.

[2] 李敏.国内农产品品牌战略管理研究述评[J].商业研究,2010(9):165-168.

[3] 李敏.我国农产品品牌价值及品牌战略管理研究[D].武汉:华中农业大学博士学位论文,2008.

[4] 刘翠翠,陆新文,赵文波.亳州市农产品品牌建设存在的问题及对策探析[J].兰州工业学院学报,2013(3):70-74.

[5] 卢泰宏,吴水龙,朱辉煌,等.品牌理论里程碑探析[J].外国经济与管理,2009(1):32-42.

[6] 马晓红.河南省特色农产品品牌建设必要性[J].中国商贸,2011(10):64-65.

[7] 卓炯,杜彦坤.我国新型职业农民培育的途径、问题与改进[J].高等农业教育,2017(1):115-119.

[8] 王柱国.高等职业教育与农民合作组织合作:促进新型职业农民发

展[J].中国职业技术教育,2019(36):52-57.

[9] 张成涛,张秋凤.乡村振兴背景下农业职业教育的机遇、挑战与应对[J].中国职业技术教育,2019(3):79-85.

[10] 殷姿.新型职业农民的培育教学方法探讨[J].南方农机,2018(4):225-226.

[11] 常五龙.加强乡土人才队伍建设的思考[J].实践,2020(3):43.

[12] 唐闻怿.优化乡村人才,推进乡村振兴[J].江苏农村经济,2019(12):65-66.

[13] 周文魁.加强乡土人才建设 助力苏南乡村振兴[J].江南论坛,2019(7):33-35.

[14] 姜雪.用好乡土人才,助力乡村振兴[J].领导科学,2018(31):45.

[15] 毛利,叶惠娟.乡村振兴战略下的乡土人才价值再认识[J].农村经济与科技,2018(22):207,209.

[16] 周湘智.乡村振兴让乡土人才"香"起来[J].农村工作通讯,2018(10):49.

[17] 曾鹏.使乡土人才"深巷生香"[J].人才资源开发,2017(17):91.

[18] 宋明晓,张忠贞.建设乡土人才队伍 促进县域经济发展[J].人力资源管理,2016(5):10-11.

[19] 许芳舒.农村乡土科技人才培养和利用现状及对策[J].乡村科技,2018(20):38-39.

[20] 顾茜.扬州市实用型乡土人才现状及开发对策研究[J].广西质量监督导报,2019(4):88-89.

[21] 赵迪芳.绍兴市乡土人才培育路径探讨[J].新农村,2019(8):8-9.

[22] 张雅光.新时代乡村人力资本现状及开发对策研究[J].中国职业技术教育,2018(36):61-66.

[23] 蒋洪.新时代农业高等职业院校人才培育的思考与探索:以江苏农牧科技职业学院为例[J].环渤海经济瞭望,2018(12):190.

[24] 侯丽华.高职院校助力新时代乡村振兴战略的路径研究[J].乡村科技,2018(12):10,12.

[25] 吕莉敏.乡村振兴背景下新型职业农民培育策略研究[J].职教论坛,2018(10):38-42.

[26] 张金陵,时效,陈飞.引领乡土人才放飞振兴梦[J].江苏农村经济,2018(10):46-49.

[27] 张军燕.充分发挥农职院校在乡土人才队伍建设中的作用[J].江苏农村经济,2018(11):56-57.

[28] 华晓龙.江苏职业院校培育乡土人才现状分析[J].轻工科技,2019(11):137-138,143.

[29] 余盛美,刘崇健.激励乡土人才返乡创业有效途径的探讨[J].农村经济与科技,2019(22):162-163.

[30] 李亚玲.乡村振兴战略下高职院校参与乡土人才培育路径探析[J].科技风,2019(35):206.